《北京市农村远程教育培训系列丛书》指导工作委员会

《肉兔饲养管理与疾病防治技术问答》

编 写 人 员

主　　编　蒋林树　陈俊杰　张连英　王晓娟

编写人员　陈俊杰　蒋林树　张连英　王晓娟

王占赫　张庆国　刘素梅　王志成

刘凤华　李文京　郭玉琴　鲁　琳

王晓霞　魏秀莲

北京市农村远程教育培训系列丛书

肉兔饲养管理与疾病防治技术问答

北京市科学技术协会组编

中国农业出版社

图书在版编目（CIP）数据

肉兔饲养管理与疾病防治技术问答／北京市科学技术协会组编．—北京：中国农业出版社，2007.9
（北京市农村远程教育培训系列丛书）
ISBN 978-7-109-12227-7

Ⅰ．肉…　Ⅱ．北…　Ⅲ．①肉用兔-饲养管理-问答②兔病-防治-问答　Ⅳ．S829.1-44　S858.291-44

中国版本图书馆CIP数据核字（2007）第131367号

中国农业出版社出版
（北京市朝阳区农展馆北路2号）
（邮政编码 100026）
责任编辑　李文宾

北京中兴印刷有限公司印刷　　新华书店北京发行所发行
2007年9月第1版　　2008年4月北京第2次印刷

开本：850mm×1168mm　1/32　　印张：6.5
字数：160千字　　印数：4 001～10 000册
定价：18.00元

序

建设社会主义新农村是党中央按照科学发展观作出的重大战略部署，是总揽全局、着眼未来、与时俱进的历史性选择，事关我国改革开放和现代化建设的根本。按照“生产发展、生活宽裕、乡风文明、村容整洁、管理民主”的要求，应积极调整农业结构，建设现代化农业。为此，首都的农业定位于建设都市型现代化农业。

为了满足当前首都农业生产的需求，促进农业产业政策的调整，北京市科学技术协会组织专家编写了《肉兔饲养管理与疾病防治技术问答》一书。本书既可作为肉兔饲养场及饲养户日常技术咨询用书，也可作为广大技术人员的技术培训教材，还可作为北京农村远程教育培训书籍。希望本书的出版对丰富饲养人员的专业知识、提高北京市肉兔饲养整体水平、促进农业技术创新、提升与增强北京农产品的质量和市场竞争力等方面有所帮助。

编　者

2007年8月

前　言

随着我国国民经济的迅速发展和人民生活水平的不断提高，人们的食物结构发生了很大变化，动物源性食品的日常消费量显著增加。在日常畜禽类食品消费量迅速增长的同时，人们对动物源性食品的质量和安全性及保健性也提出了更高的要求。

我国有悠久的养兔历史，特别是改革开放以后，我国的养兔业得到了长足的发展，养兔已成为振兴农村经济、帮助农民脱贫致富的有效途径之一。据不完全统计，2005年，全国兔肉产量已达51.06万吨，约占世界兔肉总产量的1/4；兔毛产量已达1万吨，占世界总产量的83%；肉兔皮4亿张，獭兔皮400万张。在生产规模得到发展的同时，家兔生产水平也大幅度提高，长毛兔年产毛量已由20世纪70年代末只均近200克提高到现在的600克，肉兔育肥期明显缩短，由过去的120～150日龄上市变为现在的90～100日龄上市。

兔子全身是宝，兔肉被人们誉为“美容肉”、“益智肉”、“保健肉”，是中国营养改善行动计划倡导发展的肉类。兔肉与其他畜禽肉相比，其营养成分具有“三高三低”的特点，即高蛋白、高赖氨酸、高磷脂，低脂肪、低胆固醇、低热量。

兔毛洁白，细软，吸湿性强，调湿能力高，保暖性好，摩擦系数小，是高档毛纺原料，其织品轻盈、柔软、保暖、美观，既可制作外衣，亦可贴身穿着，并有保健功能。

兔板皮纤维细致，制革后比较柔软，弹性及透气性好。

家兔是医学、生物工程科学不可缺少的理想实验动物。

家兔不仅拥有越来越受人们青睐的优质主产品，而且还有许多用途广泛的副产品。兔肉加工副产品如兔头、兔脚、内脏等可以加工成动物饲料，兔脑、肝脏、脾脏等可作为生产生化制品的原料。

兔粪是优质有机肥，一只成年兔一年可排粪尿100千克左右，10只兔的年积肥量相当于一头母猪。但兔粪肥中的氮、磷、钾含量，却分别为猪粪肥的3.8倍、5.8倍和2.8倍，更大大高于牛、羊粪肥的含量。而养10只成年兔的饲草、饲料消耗，显然比一头母猪要少。

家兔是多胎动物，生产能力强，孕期短，繁殖力强，生长快。母兔年提供胴体量是其自身体重的20倍以上。家兔能更有效地利用饲草中的蛋白质，是投入产出率较高的动物。

家兔是食草小动物，日粮以青粗饲料为主，不与人争粮，不与粮争地。

我国加入国际贸易组织，为我国养兔业提供了良好的发展空间。国际市场对兔产品的需求量日益增大，而产品出口需要规范我们的养殖行为。为了满足广大养兔者的迫切需求，指导他们走科学化、规范化、规模化养殖的道路，我们以问答方式编写了《肉兔饲养管理与疾病防治技术问答》。

作者希望通过此书的编写和出版，对我国社会主义新农村建设及我国养兔业的发展起到一些指导和推动作用，对广大从事养兔业的农民起到知识普及和技术指导作用，对各级领导和管理干部起到拓宽思路和提供政策建议的作用。由于本书编写时间紧迫，作者的水平和能力也有限，错误和不足之处敬请读者批评指正。

作　者

2007年7月

目 录

引言：我国养兔业的现状及存在问题

一、养兔业生产的特点及意义

兔肉与其他畜禽肉相比，其营养成分具有“三高三低”的特点，即高蛋白、高赖氨酸、高磷脂、低脂肪、低胆固醇、低热量。

兔肉的蛋白质含量达22.3%，比瘦猪肉高23.7%；赖氨酸含量达9.6%，比猪肉高14.3%；脂肪含量为8%，明显低于猪肉(26.7%)；胆固醇含量为0.65毫克/克，比猪肉低94%；钙、铁含量比猪肉高1.5倍以上。

兔肉肉质细嫩，易于消化吸收，其消化率达85%，比猪肉高13.3%。兔肉适合大多数人食用，尤其对老年人、动脉粥样硬化及高血压患者更为适宜；儿童常食兔肉，有利于补钙、补血，促进脑组织发育；年轻妇女长期食用兔肉，可美容。兔肉被人们誉为“美容肉”、“益智肉”、“保健肉”，是中国营养改善行动计划倡导发展的肉类。

兔毛洁白、细软，吸湿性强（为52%～60%，是羊毛的2倍)，调湿能力高，保暖性好（比羊毛高出31.7%)，摩擦系数小，与皮肤接触时有柔软滑爽的舒适感，是高档毛纺原料，其织品轻盈、柔软、保暖、美观，既可制作外衣，亦可贴身穿着，并有保健功能。

兔板皮纤维细致，制革后比较柔软，弹性及透气性好，可鞣制平纹革、皱纹革、绒面革及高档的油鞣革（用于高档精密光学仪器的擦拭、航空汽油的过滤等)。

家兔体形娇小，性情温顺，嗜眠性强，耳朵大而血管清晰，采血容易，是医学、生物工程科学不可缺少的理想实验动物。

家兔不仅拥有越来越受人们青睐的优质主产品，而且还有许多用途广泛的副产品。兔肉加工副产品如兔头、兔脚、内脏等可以加工成动物饲料，兔脑、肝脏、脾脏等可作为生产生化制品的原料。

兔粪是优质有机肥，与其他畜禽粪肥相比，可称为优质、高效。据测定，一只成年兔一年可排粪尿 100 千克左右，10 只兔的年积肥量相当于一头母猪。但兔粪肥中的氮、磷、钾含量，却分别为猪粪肥的 3.8 倍、5.8 倍和 2.8 倍，更大大高于牛、羊粪肥的含量。而养 10 只成年兔的饲草、饲料消耗，显然比一头母猪要少。家兔生产能力强，是多胎动物，孕期短，繁殖力强，生长快。在较好的饲养管理条件下，母兔一年可产 4～5 胎（高的可达 8～10 胎），每胎产仔 6～8 只。母兔年提供胴体量是其自身体重的 20 倍以上，牛仅为 35%；长毛兔年产净毛量是其体重 20%～25%，绵羊仅为 5%～7%。肉兔每千克增重所需的消化能为 685 兆焦，为肉牛的 53%左右；长毛兔每生产 1 千克净毛所需的可消化能为 40 兆焦，为绵羊的 28%左右。与其他畜禽相比，家兔能更有效地利用饲草中的蛋白质，是投入产出率较高的动物。以产肉力为例，每公顷草地家兔可转化生产蛋白质 180 千克，高于其他所有畜禽（猪为 50 千克，肉牛为 27 千克）。

家兔是食草小动物，日粮以青粗饲料为主（原粮仅占 1/4 左右），不与人争粮，不与粮争地，不像牛、羊需要大片草地。家兔比其他畜禽能更有效地利用饲草中的蛋白质。

二、我国养兔业的现状

改革开放以后，我国的养兔业得到了长足的发展，养兔已成为振兴农村经济、帮助农民脱贫致富的有效途径之一。据不完全统计，2005 年，全国兔肉产量已达 51.06 万吨，约占世界兔肉总产量的 1/4；兔毛产量已达 1 万吨，占世界总产量的 83%；肉兔皮 4 亿张，獭兔皮 400 万张。在生产规模得到发展的同时，家兔生产水平也大幅度提高，长毛兔年产毛量已由 20 世纪 70 年代末只均近

200 克提高到现在的 600 克，肉兔育肥期明显缩短，由过去的 120～150 日龄上市变为现在的 90～100 日龄上市。我国养兔业的发展，不仅体现在养兔数量与质量的提高上，还呈现出以下几个特点：

1. 适度规模饲养的比重增大，专业化、区域化趋势逐步加强。

2. 逐步适应了市场经济的生产体，兔业生产者及经营者抵御市场风险的能力有所增强。

3. 造就了一支有较高素质的教学、科研、技术推广和管理队伍，并且在一些研究领域，如兔种培育、兔病防治等方面取得了新的突破，有的达到了国际先进水平。此外，近年来我国兔产品开发也取得了一定成就。经过 20 年的发展，我国业已成为世界养兔大国，养兔数量及兔产品产量均居世界前列，兔毛出口量占国际贸易量的 90%以上，兔肉出口量占国际贸易量的 60%左右。

三、养兔业存在问题

1. 种兔市场乱。我国种兔生产缺乏比较规范的良种繁育体系和质量监控体系，种兔没有统一的质量标准，品种间的品系较为杂乱，外貌特征没有明显的区分，质量上更是良莠不齐。改革开放以来，我国先后多次从国外引进种兔，但由于炒种所为，始终没有解决好种兔质量上存在的问题。当兔业形势好时，养兔者把商品兔作为种兔出售也无人过问，这种行为违背了市场规律和职业道德，其结果一次次受到市场的严厉惩罚，最终受害者还是广大养兔场（户）。

2. 经营秩序乱。我国兔业经营秩序多年来一直比较混乱，不正当竞争时有发生，这是传统的小农经济模式与现代市场经济模式磨合碰撞的表现。宣传上的误导、生产上的盲目、市场空间的局限，加上从业人员综合素质低，总是热一阵、冷一阵的反复发生。

由于国家对各类兔产品的商品质量标准没有明确的限定，各自为政的收购商品兔产品质量的要求也各不相同，价格也大相径庭，使生产者无所适从。

3. 组织形式乱。我国兔业是个相对比较年轻的产业，虽然近年来发展速度较快，但仍以农民自发的经营形式为主。表现为各地发展的步调很不一致，模式也各不相同，有些地方采取“公司+农户”的经营模式发展当地兔业生产，有些地方的政府采取行政措施，推动了当地兔业发展，还有一些地方的养兔场户自发组织起来，成立兔业协会或合作社，不管哪种组织形式，其宗旨是想把兔业规范起来，使大家诚实守信、合法经营，更加有序、有效、稳定地从事兔业生产。但做实的、能达到这个目的的很少。

4. 兔业技术水平不高，综合开发能力较低，兔产品缺乏市场竞争力。兔业技术水平近几年虽有很大提高，但整体综合水平仍较落后，如缺乏品种标准、饲养标准、免疫程序等。兔子全身是宝，尚未全面开发，更缺乏高、精、尖的深层开发利用。

5. 缺乏必要的引导，产供销脱节，社会化服务体系不健全，一体化经营尚未培育出来。兔业尚未形成生产、经营、加工、销售相互依存、利弊共担的有机体，缺乏竞争能力和抗风险能力差。同时缺乏龙头企业带动和整体明确开发战略和社会化服务体系，既不能形成竞争力，又无价格优势和品种优势，产品不能联合进入市场，不能抵御起伏不定的市场波动。

四、养兔业发展前景

1. 资源优势。我国是农业和人口大国，为养兔业提供了丰富的饲料资源和人力资源，西部大开发、退耕还林（草）也为发展养兔提供了良好的机遇。我国的种兔资源经过专家们多年的精心培育和选育，已经出现了许多优秀群体，部分品种已达到国际先进水平。

2. 市场优势。由于兔产品（皮、毛、肉及部分内脏等）对人体具有保健及营养作用，深受消费者欢迎。欧美等国每人年均消费兔肉达 3～10 千克，我国近年对兔肉需求量呈逐年递增趋势，兔肉在东南沿海省市每千克售价 20 元左右，且供不应求，比 20 世纪 90 年代增加近 3 倍；獭兔皮制作的裘皮服装，填补了野生动物裘皮服装的空缺，且具轻、柔、美的质感，在国际市场较为流行；兔毛纺织品在技术上获重大突破，具有广阔的市场前景。

3. 价格优势。我国劳动力价格低廉，劳动力成本只相当于发达国家的1/50～1/30，兔产品生产成本低，在国际市场上具有明显的价格竞争优势。

4. 国内市场开发潜力大。我国有近13亿人口，蕴藏着巨大的兔产品消费潜力，随着我国人民生活水平的不断提高和膳食结构的调整，人们普遍崇尚对绿色食品的消费，兔产品是直接用于人们衣食的绿色、有机产品，迎合了现代人们的消费需求。

五、养兔业发展对策

1. 加强种源管理，建立种兔质量标准。尽快拟订出台相关标准，然后根据国家核准的种兔质量标准，对国内规模化种兔场进行一次质量检测，以便弄清我国现存家兔的质量状况，对不符合种兔质量要求的种兔场，要取缔供种资格。畜牧行政主管部门应加大对种兔市场的监管力度，对那些以劣充优、以商品兔冒充种兔的行为要予以严惩。

2. 制定出台质量标准，规范经营秩序。与国际接轨，制定我国兔产品（兔毛、兔皮、兔肉等）的商品质量标准，使我国的兔产品出口不再因质量问题而受阻，逐步扩大国内外市场份额。我国兔业经营者按照这个标准来生产受市场欢迎的绿色兔产品，从而树立企业诚信，降低市场风险，提高经济效益，规范经营秩序。

3. 以市场为导向，产加销配套，形成区域优势。由于养兔业是一项新兴产业，尚未形成经济技术优势，生产比较脆弱，对市场变化的适应能力及承受力较差，缺乏必要的弹性，对市场的依赖性极大。因此，发展养兔必须以市场为导向，并注意市场开发，这样才能避免生产的盲目发展。

养兔生产、兔产品加工及销售的配套是稳定养兔业的重要方面。逐步形成农场（户）—兔毛市场或肉兔集散地—兔毛纺织厂或兔肉加工厂—兔产品消费市场的产、加、销一条龙体系。实行产加销配套，既解除了生产者的后顾之忧，又保证了经营者有稳定的货源。因地制宜，通过多种形式形成各具特色的区域优势，同时也有利于兔产品的规模开发。以兔毛市场、冷冻加工厂及肉兔集散地为中心，向四周辐射建立生产基地，是发展生产的好模式。

4. 继续巩固国际市场，大力开发国内市场。我国的兔产品以出口为主，对国际市场的依赖性较大，生产的发展常常受制于人，过于频繁的大幅起落，严重挫伤了广大农户的饲养积极性，影响了生产的稳定发展。因此，开发国内市场已成为当务之急，国内兔产品消费市场潜力很大。我国目前人均年占有兔肉量仅 0.17 千克，消费量则更低，只要稍微提高一下兔肉在肉类中的比重，就将是一个极大的市场。应逐步建立起以国内市场为依托、国际市场为补充的发展模式。

5. 加强兔产品开发，提高经济效益。现阶段兔产品开发，一是应以发挥兔产品自身优势为前提，开发适销对路的特色产品。如细毛型兔毛宜加工成有保健功效、可贴身穿的精纺织品，而粗毛型兔毛则宜加工制作外观效果极好的粗纺外衣；兔肉方面，在国内大多数地区尚未形成大众消费市场、兔肉暂不能进菜篮子的情况下，应更多地考虑开发成为老年保健食品、儿童益智食品、小包装旅游食品，以及鲜兔肉打入饭店、宾馆等特定消费市场；肉兔裘皮宜制手套、玩具等小件饰品，革皮轻、薄、软，适宜制作无须经久耐穿的童装、童鞋、女性用品等。二是产品开发逐步多样化、系列化。三是主副产品同步开发，综合利用。四是注意产品质量，以免在人们心理上再次形成消费障碍。

6. 加强科技研究，增强发展后劲。加强兔业科技研究，应围绕提高家兔生产水平和商品率、降低发病死亡率、提高养兔经济效益这一目标，重点在育种、饲料、管理、防病及产品开发几方面开展工作。

7. 健全行业组织，加强行业管理。养兔业是一项新兴产业，其行业管理与协调相对薄弱，更缺乏必要的引导，影响了我国兔业的发展，因而迫切需要改善这一状况。当务之急是建立和健全行业组织，以加强管理、协调和服务。

8. 建立科学的疫病控制系统，减少疫病损失。兔是家畜中比较娇弱的一种，它的很多病只能预防而无力救治。预防不单要靠免疫接种来解决，更重要的是要通过加强营养、改善环境、科学管理来实现。树立防重于治的观念，给家兔创造一个安静、卫生、舒适的环境，同时供给其营养平衡、安全的饲料，按照科学的制度进行饲养和管理。

9. 引草入田、引草入林，走生态养兔之路。当规模扩大到一定程度时，仅靠沟边田头的野草便不能满足生产的需要。当前，国家正在进行生态环境治理，退耕还林、退耕还草，为扩大养兔业的饲草来源开辟了新的途径。鼓励农民大力种植黑麦草、紫花苜蓿、苦荬菜、菊苣等优质牧草，走生态养兔的路子。

第一章 肉兔饲养管理技术

第一节 肉兔的品种选择技术

1. 八点黑兔有哪些特性？

八点黑兔，原名伊普吕兔，是法国克里莫公司历经 20 多年精心培育而成的，是目前国际上最优良的肉食兔品种之一。

该兔体躯被毛白色，耳、鼻端、四肢及尾部为黑褐色，随年龄、季节及营养水平变化有时可为黑灰色，俗称“八点黑”。眼球粉红色，耳小、绒毛密，体质结实，胸、背和后躯发育良好，肌肉丰满。伊普吕肉兔体形优美，成年体重可达 6 千克以上。

该兔具有四大特点：一是繁殖能力强，平均每年产仔 8.7 窝，每窝 9.2 只，成活率为 95％。二是生长速度快，77 日龄体重可达 3～3.1 千克。三是抗病力强，适应性强，易饲养。四是肉质鲜嫩，出肉率高达 57.5％～60％。

2. 比利时兔有哪些特性？

比利时兔，由英国育成，是利用原产于比利时贝韦伦一带的野生穴兔经改良选育成的大型肉用品种。

该品种由于体长而清秀，腿长，体躯离地面较高，被誉为兔族中“竞走马”，由于外貌及毛色酷似野兔，故又称比利时野兔。

被毛颜色有两种，一种是深红带黄褐，另一种为深褐色，单根毛纤维的两端色深，中间色浅。体格健壮，头形似马头，颊部突出，额宽圆，鼻梁隆起，颈短粗，颌下有肉髯，但不发达，眼黑色，耳较长，耳光多有光亮的黑色毛边，体躯较长，后躯较高，胸腹紧凑，骨骼较细，肌肉丰满，肉质细嫩，肉味纯正。

成年体重 5.5～6 千克，重的可达 9 千克，生长发育快，3 月龄体重可达 2.8 千克以上，屠宰率高于其他肉兔品种，一般在 52%以上。

该品种适应性强，耐粗饲，泌乳力强，仔兔育成率高，胎均产仔 8 只以上，40 天断奶体重可达 1.2～1.25 千克。

3. 哈白兔有哪些特性?

哈白兔，该兔种系由比利时兔、花巨兔、加利福尼亚兔、青紫蓝兔与哈尔滨本地白兔、上海大耳白兔等多品种杂交选育而成。

外貌特征：哈尔滨白兔全身被毛洁白，毛密柔软，眼睛红色，耳宽长而直立，前后躯发育匀称，上肢强健，体形较大。

生产性能：该兔种属大型肉兔新品种。仔兔初生重 60～70 克，70 日龄平均体重 2.5 千克，90 日龄体重 3.5～3.8 千克，成年兔体重达 5.5～6 千克。屠宰率为 53.3%。繁殖力强，每胎产仔 8～10 只，育成率达 85%以上。

主要优点：遗传性稳定，耐寒、耐粗饲，适应性强，饲料转化率高（一般料肉比为 3.35：1），生长发育快，产肉力高，皮毛质量好。

4. 新西兰兔有哪些特性?

新西兰兔，是现代著名的肉兔品种之一，原产于美国。

该品种兔被毛白色，两耳较短，臀圆，腰和肋部丰满，体形中等。幼兔早期生长快，3～4 个月龄体重达 2.5 千克左右，产仔多，每胎产仔 8～12 只。

该品种产肉率高，肉质好，被毛品质优良，属中等体重品种。

5. 青紫蓝兔有哪些特性?

青紫蓝兔，原产于法国，是法国育种家用蓝色贝韦伦兔、嘎伦兔和喜马拉雅兔杂交培育而成。该品种毛色为胡麻色，除夹杂有全黑和全白的粗毛外，每根毛纤自基部向上分为深灰色—乳白色—珠灰色—雪白色—黑色等 5 段颜色，毛色里白外黑。

该品种外貌匀称，头大小适中，颜面较长，嘴钝圆，眼球呈茶褐色或蓝色，耳尖及尾背呈黑色，眼圈和尾端为白色，腹部为浅灰色，被毛均匀，体质健壮，四肢粗大。

成年兔体重5.9～7.3千克，幼兔3～4月龄时生长迅速，体重2千克左右，年繁殖5～6胎，每窝产仔7～8只。

该品种毛色美丽，生长发育快，耐粗饲，适应性好，抗病力强，产肉多，皮板厚。繁殖力和泌乳力较好，初生重约45克，40天断奶重为0.9～1千克，90天体重为2.2～2.3千克。

6. 公羊兔有哪些特性?

公羊兔，又名垂耳兔，是一个大型肉用品种。公羊兔因其两耳长宽而下垂，头形似公羊而得名。

外貌特征：被毛颜色以黄色者居多。头粗糙，眼小，颈短，背腰宽，臀圆，骨粗，体质疏松肥大。

生产性能：该品种兔早期生长发育快，40天断奶重可达1.5千克，成年体重6～8千克，最高者可达9～10千克。耐粗饲，抗病力强，易于饲养。性情温顺，不爱活动，因过于迟钝，故有人称其为“傻瓜兔”，其繁殖性能低，主要表现在受胎率低，哺育仔兔性能差，产仔少。

主要优点：该品种兔与比利时兔杂交，效果较好，二者都属大型兔，被毛颜色比较一致，杂交一代生长发育快，抗病力强，经济效益高。

7. 加利福尼亚兔有哪些特性?

加利福尼亚兔是用喜马拉雅兔和标准青紫蓝兔杂交后，选用杂种公兔与白色新西兰母兔交配育成。原产于美国加利福尼亚州，是著名的肉用兔品种。

该品种被毛白色，鼻端、两耳、四肢下段和尾呈黑色，眼红色，体躯中等长，肩和后躯发育良好。

主要优点：产肉性能好，屠宰率高，繁殖力强。成年母兔平均体重3.1～4.5千克，成年公兔体重3.6～4.0千克；母兔平均窝产仔数6～8只；屠宰率平均在55%以上。可在全国大部分地区饲养，适宜规模兔场、专业户和农户饲养。

8. 齐卡巨型白兔有哪些特性?

齐卡巨型白兔主要用于提高肉兔生长速度和产肉性能的杂交亲本。

该品种毛白色、浓密，眼睛红色，两耳长大直立，头粗壮，额宽，体躯长大丰满，背腰平直。成年兔平均体重 7 千克，母兔年产仔 3～4 胎，窝产仔数 6～10 只；仔兔初生重平均达 70～80 克，35 天断奶体重达 1 千克以上，90 日龄重 2.7～3.4 千克，日增重 35～40 克。可在全国大部分地区饲养，适宜规模兔场、专业户和农户饲养。

主要优点：产肉性能好，生长速度较快。

9. 德国花巨兔有哪些特性?

德国花巨兔原产于德国，是著名的大型皮肉兼用兔。

该品种被毛为白底黑花，黑背线、黑耳朵、黑眼圈、黑嘴环、黑臀花，花色对称、美观，故有“熊猫兔”的誉称。体躯长，呈弓形，腹部离地较高，骨骼粗大，体格健壮，好动，行动敏捷。早期生长发育较快，抗病力强，繁殖力好。仔兔出生重 70 克，90 日龄可达 2.5 千克，成年兔重 5～6 千克。母兔繁殖率高，每窝产仔 11 只左右，母性稍差，饲料营养满足时，泌乳力也不错。缺点是毛色遗传不稳定。

10. 日本大耳白兔有哪些特性?

日本大耳兔原产于日本，是用中国白兔与日本大耳白兔杂交培育而成。

该品种头大，额宽，面平，被毛紧密，毛色纯白，眼睛红色，两耳较大，向后直立，耳根细，耳端尖，形似柳叶状。颈粗壮，母兔下颌有肉髯，体质健壮，平均体重 4～5 千克，体长约 44.5 厘米，胸围 33.5 厘米。生长快，成熟早，初生重 60 克左右，2 月龄体重约 1.4 千克，成年兔体重一般为 5 千克，生长良好者可达 6.5 千克。繁殖力强，一年可产 6～8 胎，每胎产仔 8～12 只；泌乳量大，母性好。屠宰率 44%～47%，肉质较佳，兔皮幅大，板质良好，是优良的皮肉兼用兔。

另外，其耳大皮白，血管清晰，是理想的实验动物。

该品种适应性强，耐寒、耐粗饲，我国各地均可饲养。

11. 塞北兔有哪些特性?

塞北兔，该兔种系由法系公羊兔与佛朗德兔杂交选育而成的肉皮兼用兔，主要分布于河北、内蒙古、东北及西北等地。

该品种毛色以黄褐色为主，其次是纯白色和少量黄色；一耳直立，一耳下垂，或两耳均直立或均下垂；头略粗而方，鼻梁上有黑色山峰线，颈粗短；体躯匀称，肌肉丰满，发育良好。

该兔种体形较大，仔兔初生重 60～70 克，30 日龄断奶体重可达 650～1 000 克，在一般饲养条件下，2～4 月龄月均增重达 0.75～1.15 千克，成年兔体重平均 5.0～6.5 千克，高者可达 7.5～8.0 千克。繁殖力强，每胎产仔 7～8 只，高者可达 15～16 只。

主要优点是体形较大，生长较快，繁殖力较高，抗病力强，发病率低，耐粗饲，适应性强，性情温驯，容易管理。主要缺点是毛色、体形尚欠一致，有待于进一步选育提高。

第二节　兔的生物学特性

12. 兔的生活习性有哪些?

所有家兔品种都起源于欧洲穴兔，我国最早的兔种来源于欧洲的野生穴兔，是通过“丝绸之路”经伊朗传入我国的。家兔主要有八个生活习性：

（1）昼寝夜行性：野生穴兔体形弱小，无御敌能力，在长期的生态环境下，为了生存而形成了昼伏夜行的习性。白天在洞里生活，夜间则四处活动和采食。在养兔场中，我们常常可以观察到家兔夜间十分活跃，而白天表现得十分安静，除喂食时间外，常常闭目睡眠。同时，家兔在夜间采食频繁，夜间采食量和饮水量占全日量的 75%。根据家兔这一习性，我们一方面应该注意合理安排饲养日程，晚上喂给足够的夜草和饲料；另一方面，白天应该尽量不要妨碍兔的休息和睡眠。

（2）胆小易受惊：兔子耳朵长而大，听觉灵敏，常常竖起耳朵听声响，以便逃跑而避敌害。家兔是一种胆小的动物，在遇敌害时，借助敏锐的听觉和弓曲的脊柱能迅速逃跑。在家养情况下，突然来的喧闹声、陌生人和陌生动物都会使家兔惊慌，在笼中来回奔跑和乱撞造成损伤，孕兔易造成流产，哺乳兔易造成吊乳，使仔兔摔死或冻死。家兔在白天一般是很安静的，所以我们在饲养管理操作中，动作要轻，尽量避免发生容易使兔群惊慌的声响，同时要避免陌生人和猫、狗等进入兔舍。

（3）厌炎热潮湿，喜干燥环境：家兔的体形弱小，抗病能力差。兔的汗腺不发达，主要靠呼吸散热。成年兔最理想的环境温度为14～20℃，初生仔兔窝内温度为30～32℃。干燥和清洁的环境能保持家兔的健康，而潮湿不卫生的条件往往成为家兔生病的原因。潮湿和污秽的环境有利于传染病原和侵袭病原的滋生，家兔一旦患病，就会造成很大的损失。所以，我们应该遵循清洁干燥的原则，搞好兔场设计和做好家兔的饲养管理工作。

（4）喜独居，群居性差：家兔群养，不论公母，同性别的成年兔经常发生争斗和撕咬，特别是公兔之间或者在新组织的兔群中，争斗咬伤现象比较严重，管理上应特别注意。

（5）打洞穴居性：家兔一般都有挖洞造穴的习性。家兔的这种行为，对于管理人员来说必须十分注意，尤其对散养家兔来说更是如此。一般在散养条件下，应该是设有围墙，围墙下有地基并用毛石砌成，围墙上设有围栏，防止家兔打洞逃跑。

（6）啮齿行为：家兔有同鼠类一样的啮齿行为，兔的牙齿终生不断生长，常靠啃咬东西来保持原长度。为了保证家兔门齿的适当长度，可经常给家兔笼内投放一些树枝或木棍，以供家兔啃咬。另外，饲养管理人员设计兔笼时要考虑平整，不要留有棱角，有条件的不应该使用木笼，防止家兔啃咬，以免造成经济损失。

（7）嗅觉灵敏，视觉迟钝：家兔的嗅觉特别灵敏，常常以其敏锐的嗅觉识别饲料或自己的仔兔。因此，在日常管理中不要使仔兔沾染其他气味，在寄养仔兔时要让仔兔的气味与保姆兔相同。

（8）有顿足动作：母兔发情、公兔配种后，以及遇敌害、惊恐时都会有顿足动作。家兔一般不叫，如果发出尖叫声，说明遇有敌害，饲养员应立即救护。

13. 家兔的食性与消化特点有哪些？

家兔属食草动物，自然状态下以青绿饲料为主食。在高强度人工选育下，家兔生长、发育、繁殖等各项性能都极大提高，所以必须从饲料中获得更多养分才能满足生产需要，仅单纯用青绿饲料养兔则不能取得最佳效果。

（1）家兔的草食性：家兔属于单胃食草性动物，以植物性饲料为主，主要采食植物的根、茎、叶和种子。兔特异的口腔构造，较大容积的消化道，特别发达的盲肠和特异淋巴球囊的功能等，都是对草食习性的适应。兔的上唇纵向裂开，门齿裸露，适于采食地面的矮草，亦便于啃咬树枝、树皮和树叶；兔的门齿有6枚，上颌大门齿2枚，在大门齿后各有1枚小门齿，下颌门齿2枚，其上下颌门齿呈凿形咬合，便于切断和磨碎食物。兔门齿与臼齿间无犬齿，仅有较宽的齿间隙。臼齿咀嚼面宽，且有横嵴，适于研磨草料。兔盲肠发达，也是为了利用草食。

（2）家兔对食物的选择：家兔对饲料的采食比较挑剔。家兔喜欢植物性饲料而不喜欢动物性饲料，考虑营养需要并兼顾适口性，配合饲料中动物性饲料所占比例不能太大，一般应小于5%，并且要搅拌均匀，由少到多逐步增加用量，或加入适量调味剂如大蒜粉、甜味素等。

在饲草中，家兔喜欢吃豆科、十字花科、菊科等多叶性植物，不喜欢吃禾本科、直叶脉的植物，如稻草之类。喜欢吃植株的幼嫩部分。在各类饲料中，喜欢吃整粒的大麦、燕麦，而不喜欢吃整粒玉米。在多汁饲料中，喜欢吃胡萝卜等。

试验证明，用相同的饲料配方，制成颗粒饲料饲喂效果好于湿拌粉料。饲喂颗粒饲料生长速度快，消化道疾病发病率降低，饲料浪费也大大减少。

家兔喜欢采食含有植物油的饲料。植物油有芳香气味，是一种香味剂，可吸引兔子采食，同时植物油中含家兔体内不能合成的必需脂肪酸，有助于脂溶性维生素的补充与吸收。

家兔喜欢有甜味的饲料。家兔味觉发达，通过舌背上的味蕾，可辨别饲料味道。可在配合饲料中添加2%～3%糖蜜饲料，也可利用糖厂下脚料，或在配合饲料中添加0.02%～0.03%糖精。

（3）异食癖：家兔除正常采食饲料和吞食粪便外，有时会出现食仔、食毛等异常观象，称之为异食癖。

① 食仔癖：发生食仔现象的主要原因有：a. 饲料营养不平衡。如母兔自身缺乏食盐，钙、磷不足，蛋白质和维生素B族缺乏或其他营养物质供应不足。b. 母兔产前、产后得不到充足饮水，口渴难忍而食仔。c. 母兔产仔时受惊扰，巢窝、垫草或仔兔带有异味，或发生死胎时，死仔未及时取出等。

食仔以初产母兔较多，而且多发生在产后3天内。对食仔兔要进行分析，查找原因，积极预防。对于有食仔恶癖的母兔，应采取人工催产、人工辅助哺乳和母仔分离饲养等措施加以控制，或作淘汰处理。

② 食毛症：食毛现象多发生在深秋、冬季和早春等气候多变季节，以1～3月龄幼兔多发，分自食和互食两种。食毛原因主要是饲料中蛋白质、含硫氨基酸不足，也与粗纤维不足有关。预防食毛症方法有：a. 供给兔全价配合饲料，使饲料中含硫氨基酸达0.5%～0.6%。b. 气候多变季节在幼兔饲料中补加1%～2%的动物性饲料。c. 当兔群出现食毛症后，首先将主动食毛的兔子取出，单笼饲养，然后在饲料中补加一定硫酸盐（1%～1.5%的硫酸钠或硫酸钙），或1%～2%的硫磺，或0.2%～0.3%的含硫氨基酸，或0.5%～1%的羽毛粉，一般1周可得到控制。

（4）家兔的消化生理特点：除上面介绍的家兔消化系统的解剖特点和机能特性外，还有些不同于其他动物的消化生理特性。

饲料进入口腔，经咀嚼和唾液湿润后，便进入胃部，呈分层状态分布。胃部呈强酸性。胃壁中腺体分泌盐酸和胃蛋白酶。家兔消化液中酸的活性比其他草食性动物都高。饲料在胃中与消化液充分混合后即进入消化吸收过程，由于胃收缩，饲料继续下行，进入肠。小肠是肠道的第一部分，食糜在此经消化液作用分解成简单的营养物质，营养物质进入血液被机体吸收。年幼家兔的饲料通过消化道的速度较快。饲料经小肠后，剩余部分到盲肠。盲肠是个巨大的“发酵库”，里面生存着大量微生物，利用小肠来的残渣，重新制造出优质微生物体蛋白及维生素。这些微生物及其合成的维生素进入大肠后被消化吸收或通过家兔的食粪习性被兔利用。饲料中主要营养物质的消化和吸收在小肠进行，部分纤维素在大肠（盲肠、结肠、直肠）经微生物分解酶的作用而发酵分解成营养物质被机体吸收。大肠的一个作用是分解纤维素，另一个作用是生产“软粪”和“硬粪”。

（5）家兔对无机硫的利用：实践发现，在兔日粮中加入一定硫酸盐（如硫酸铜、硫酸钠、硫酸钙、硫酸锌、硫酸亚铁等）和硫磺，对增重均有促进作用。同位素示踪表明，经口服的硫酸盐可被家兔利用，合成胱氨酸和蛋氨酸。这种无机硫向有机硫的转化，是与盲肠微生物的活动及食粪性分不开的。含硫氨基酸是必需氨基酸，而且蛋氨酸是限制性氨基酸。所以可在日粮中加入适量无机硫，以代替价格昂贵的含硫氨基酸。

（6）耐受高钙：钙和磷是一切动物的必备养分，是组成骨骼和牙齿的主要原料，还参与机体的多种代谢活动。一般来说，动物对钙和磷的需要量既有一定的绝对量，又有严格的比例关系，约为2∶1。但对兔子而言，这种比例远没那么严格。兔子耐受高钙，当日粮中含有较多钙和较少磷时，兔子能将多余的钙通过尿液排出。

与其他动物相比，兔的钙代谢具有以下特点：第一，钙的净吸收特别高，而且不受体内钙代谢需要的调节。第二，血钙水平也不受体内钙平衡的调节，直接和饲料钙水平成正比。第三，血钙的超过滤部分很高，其结果是肾脏对血钙的清除率很高。第四，过量钙的排除途径主要是尿，其他动物主要通过消化道排泄。经常看到兔笼内有白色粉末状物，就是由尿排出的钙盐。

牧草如苜蓿中含较多的钙，而大量喂兔时并不发生钙磷失调。但是高磷对兔有害，可使兔子表现出软骨症和幼兔出现佝偻病。尽管家兔可耐受高钙，但在以大量的高钙饲料饲喂时，最好配合一定的高磷饲料如麦麸，以便更安全。

（7）可有效利用饲料中的植酸磷：植酸是谷物和蛋白质补充料中的一种有机物质，它和饲料中的磷形成一种难以吸收的复合物质叫植酸磷。一般非反刍动物不能有效利用植酸磷，而家兔则可借助盲肠和结肠中的微生物，将植酸磷转变为有效磷，使其得到充分利用。因此，降低饲料中无机磷的添加量，不仅对兔生长无不良影响，同时也减少了粪便中磷的排泄量，减轻磷对环境的污染。

14. 家兔的食粪特性有哪些？

家兔有吃自己粪便的习性，不仅吃软粪，也吃硬粪。家兔的食粪行为最早于1882年由莫洛（Morot）首次发现并报道。以后又有一些研究，但至今仍有一些问题没有搞清。

（1）家兔的食粪现象：家兔嗜食自己部分粪便是一种本能特性。在食粪时具有咀嚼动作，称之为假反刍或食粪癖。与其他动物的食粪癖不同，家兔的这种行为不是病理的，而是正常生理现象，对家兔本身具有重要生理意义。鼠类等都有这种习性。

家兔通常排出两种粪便，一种是平时在兔舍里看到的粒状硬粪，量大、较干，表面粗糙，依草料种类而呈现深、浅不同的褐色，约占总粪量的80%；兔排硬粪既无规律，又无特殊的排粪姿势。另一种是团状软粪，多时呈念珠状，有时达40粒，粪球串的长度达40厘米。量少、质地软，表面细腻，如涂油状，通常呈黑色；圆球有黏膜包裹，内容物呈半流体状态；约占总粪量的20%。据测定，软粪的营养价值与盲肠内容物相似，远远高于硬粪。故认为是盲肠内容物直接形成软粪而排出，未经后肠的再次消化吸收。

据测定，家兔饲喂后经8～12小时就开始排泄软粪。成年家兔每天排出的软粪约50克左右，约占总粪量的20%。在正常情况下，兔的食粪行为均发生在休息期间。在食粪行为出现之前，都有站起、舔毛和转圈等行为。食粪时呈犬坐姿势，背脊弯曲，两后肢向外侧张开，肛门朝向前方，两前肢移向一侧，头从另一侧伸向肛门处采食粪便，然后又恢复到原来的犬坐姿势，经10～60秒钟的咀嚼动作后将软粪球囫囵吞咽入胃。

（2）家兔食粪的规律：兔食粪的规律性与喂食时间密切相关，一昼夜出现3次食粪高峰。白天有2次，时间为上午11点和下午5点。白天主要吃硬粪，而且是经嚼碎后吞入胃内。晚上的食粪高峰在夜间2点，这是最明显的一次食粪高峰，主要是吃软粪，并且不经嚼碎囫囵吞咽入胃内。一般夜间食粪量多于白天。当兔正在食粪时，突然受惊，会立即停止食粪，因此必须保持兔舍安静。

软粪通常几乎全部被家兔自身吃掉，所以在一般情况下，很少发现软粪存在，只有当家兔生病时才停止食粪。无菌兔和摘除盲肠的兔，没有食粪行为。家兔从一开始吃饲料就有食粪行为。此外，也偶见有吃少量硬粪的，大多数排泄软粪少的幼兔吞食硬粪；成年兔在饲料不足时也吞食硬粪。

（3）软粪的养分：软粪中含丰富的营养物质，软硬粪成分相同，只是含量不同。据测定，1克硬粪中有27亿个微生物，微生物占粪球中干物质的56%；而1克软粪中有95.6亿个微生物，占软粪中干物质的81%；软粪中蛋白质含量高于硬粪1倍以上，由此可以看出，家兔食粪有重要意义。

（4）家兔食粪行为的生理意义：

① 通过食粪，特别是食软粪，家兔可从中获得生物学价值较高的菌体蛋白质，同时还可获得由肠道微生物合成的B族维生素和维生素K。这些营养物质很快被胃和小肠消化吸收和利用。因此，饲料中可少量供给或不供给B族维生素和维生素K，正常饲养管理条件下，兔不会发生B族维生素和维生素K缺乏症，只有在高度集约化生产条件下才添加。

② 通过食粪使饲料中部分营养物质至少两次通过消化道，提高了饲料利用率。矿物质磷、钾、钠在家兔体内滞留时间延长。食粪有助于营养物质的充分吸收。据测定，家兔食粪与不食粪时，营养物质的消化率分别是64.6%和59.59%。

③ 家兔的食粪还有助于维持消化道正常微生物区系。为此，保持兔舍环境安静，对家兔正常食粪十分重要。

④ 在饲喂不足的情况下，食粪还可以减少饥饿的危害。当成年兔食入低蛋白质（12.8%）日粮时，食软粪习性有助于改善兔的必需氨基酸供应、氮沉积、血液尿素、血清氨基酸指标，使其都有提高；但食入16.7%粗蛋白质的饲粮时，食软粪对兔的氨代谢没有明显影响。

（5）仔兔食粪时间的出现：哺乳仔兔在未开始采食前均不食粪，开始采食后的4～6天开始食粪，说明兔食粪行为的发生与盲肠发育以及盲肠内微生物活动有关。

15. 家兔的繁殖特性有哪些?

（1）繁殖力强：这不仅表现在每窝产仔数多、产仔周期短和全年产仔窝数多，而且表现在成熟早，繁殖不受限制，全年都可产仔，最高一年可产8～11窝。

（2）受刺激排卵：兔的卵泡虽已成熟，但并不排卵，只有与公兔交配刺激后10～12小时才排出。因此，人们可以利用兔的这一特点科学地安排生产。

（3）两个子宫：家兔是双子宫动物，两个子宫共同开口于阴道，所以，不会发生像其他家畜那样，受精卵由一个子宫角向另一个子宫角移动的情况。

（4）卵子较大：家兔的卵子是目前所知的哺乳动物中最大的卵子，直径为92～120微米，同时发育最快，在卵裂阶段最容易在体内培养卵子，有利于卵的移动。

（5）公兔睾丸的位置因年龄而异：初生兔睾丸位于腹腔内，附着于腹腔壁，随年龄的增长睾丸的位置下降，1～2月龄时睾丸下降到腹股沟管内，从外部不易摸到，此时还没有形成明显的阴囊；2个半月时出现阴囊。成年兔的睾丸是在阴囊内，但兔子腹股沟管宽而短，且终生不封闭，所以睾丸有时缩回腹股沟管内或腹腔内。

16. 家兔的生长特性有哪些?

仔兔出生时闭眼，无毛，各系统的发育都很差，特别是体温调节、运动和感觉的功能更差。但是出生后的生长发育很快，生后第四天全身长出绒毛，12天左右开眼，14天前爪分开，19天左右开始出巢吃料。体重1周可增加1倍以上，4周时体重约为成年兔的12%，到8周时体重到达成年兔的40%左右。

17. 家兔的体温调节特性有哪些?

兔是恒温动物，通过体温调节系统维持一定的体温。兔热调节机能不如其他家畜完善。正常体温为38.5～39.5℃。临界温度为5～30℃。当外界温度过高时，除改变新陈代谢外，因为兔的被毛厚、汗腺少，主要利用呼吸的方式来维持体温平衡。

初生后的仔兔体温不恒定，因为初生时没有被毛，缺少保温层，故体温随气候变化而波动，所以最适宜温度为30～32℃。

第三节　兔舍的建筑与设备

18. 兔舍建造环境的要求有哪些?

兔舍环境对兔的生长发育、繁殖等有密切关系。影响兔舍环境的因素很多，诸如温度、湿度、通风、光照、噪声、灰尘及绿化等。

（1）温度：兔因汗腺极不发达，体表又有浓密的被毛，所以对环境温度非常敏感。据试验，仔兔的最适温度为30～35℃，幼兔为20～25℃，成年兔为15～20℃。建舍时要考虑环境温度。长毛兔对低温有较强的耐受力，健康兔在－20～－39℃环境条件下仍能生存，不会冻死。不过为维持体温需消耗较多营养，如不能满足所需营养，则对生长、增重都有明显影响。

（2）湿度：兔性喜干燥环境，最适宜的相对湿度为60%～65%，一般不应低于55%或高于70%。高温高湿和低温高湿对兔有百害而无一利，既不利于夏季散热，也不利于冬季保温，还容易感染体内外寄生虫等。空气湿度过大，常会导致笼舍潮湿不堪，有利于细菌、寄生虫繁殖，引起疥癣、湿疹蔓延。反之，兔舍空气过于干燥，长期湿度过低，同样可导致被毛粗糙，引起呼吸道黏膜干裂，而招致细菌、病毒感染等。鉴于上述情况，兔舍内湿度应尽量保持稳定。兔排出的粪尿、呼出的水蒸气、冲洗地面的水分是导致兔舍湿度升高的主要原因。为降低舍内的湿度，可以加强通风，或撒生石灰、草木灰等。

（3）通风：通风是调节兔舍温湿度的好方法。通风还可排除兔舍内的污浊气体、灰尘和过多的水汽，能有效地降低呼吸道疾病的发病率。兔排出的粪尿及污染的垫草，在一定温度条件下可分解散发出氨、硫化氢、二氧化碳等有害气体。兔是敏感性很强的动物，对有害气体的耐受量比其他动物低，当兔处于高浓度的有害气体环境条件下，极易引起呼吸道疾病，加剧巴氏杆菌病、传染性感冒等的蔓延。

通风方式，一般可分为自然通风和机械通风两种。小型场常用自然通风方式，利用门窗的空气对流或屋顶的排气孔和进气孔进行调节。大中型兔场常采用抽气式或送气式的机械通风，这种方式多用于炎热的夏季，是自然通风的辅助形式。兔舍内的适宜风速，夏季为 0.4 米/秒，冬季为 0.1～0.2 米/秒。应强调的是兔舍内应严防贼风的侵袭。降低兔舍内有害气体的浓度，还可通过勤打扫、勤冲洗、加强通风换气来保持兔舍内的空气新鲜。

（4）光照：光照对兔的生理机能有着重要调节作用。适宜的光照有助于增强兔的新陈代谢，增进食欲，促进钙、磷代谢；光照不足，可导致兔的性欲和受胎率下降。此外，光照还具有杀菌、保持兔舍干燥和预防疾病等作用。

生产实践表明，公母兔对光照要求不同。一般而言，繁殖母兔要求长光照，以每天光照 14～16 小时为好，表现为受胎率高，产仔数多，可获得最佳的繁殖效果。种公兔在长光照条件下，则精液品质下降，而以每天光照 10～12 小时效果最好。目前，小型兔场一般采用自然光照，兔舍门窗的采光面积应占地面的 15%左右，但要避免太阳光的直接照射；大中型兔场，尤其是集约化兔场多采用人工光照或人工补充光照，光源以白炽灯光较好，每平方米地面 3～4 瓦，灯高一般离地面 2～2.5 米。

（5）噪声：噪声是重要的环境因素之一。据试验，突然的噪声可导致妊娠母兔流产，哺乳母兔拒绝哺乳，甚至残食仔兔等严重后果。噪声的来源主要有三方面：一是外界传入的声音；二是舍内机械操作产生的声音；三是兔自身产生的采食、走动和争斗声音。兔如遇突然的噪声就会惊惶失措，乱蹦乱跳，蹬足嘶叫，导致食欲不振甚至死亡等。为了减少噪声，兴建兔舍一定要远离高噪声区，如公路、铁路、工矿企业等，尽可能避免外界噪声的干扰；饲养管理操作要轻、稳，尽量保持兔舍的安静。

（6）灰尘：空气中的灰尘主要有风吹起的干燥尘土和饲养管理工作中产生的大量灰尘，如打扫地面、翻动垫草、分发干草和饲料等。灰尘对兔的健康有着直接影响。灰尘降落到兔体体表，可与皮脂腺分泌物、兔毛、皮屑等黏混一起而妨碍皮肤的正常代谢；灰尘吸入体内还可引起呼吸道疾病，如肺炎、支气管炎等；灰尘还可吸附空气中的水汽、有毒气体和有害微生物，产生各种过敏反应，甚至感染多种传染性疾病。为了减少兔舍空气中的灰尘含量，应注意饲养管理的操作程序，最好改粉料为颗粒饲料，以保证兔舍通风性能良好。

（7）绿化：绿化具有明显的调温调湿、净化空气、防风防沙和美化环境等重要作用。特别是阔叶树，夏天能遮阴，冬天可挡风，具有改善兔舍小气候的重要作用。根据生产实践，绿化工作搞得好的兔场，夏季可降温 3～5 ℃，相对湿度可提高 20%～30%。种植草地可使空气中的灰尘含量减少 5%左右。因此，兔场四周应尽可能种植防护林带，场内也应大量植树，一切空地均应种植作物、牧草或绿化草地。

19. 兔舍建筑的目的是什么？

理想的兔舍，是搞好家兔生产的重要基础条件。兔舍建筑合理与否，直接影响家兔的健康、生产力的发挥和养兔者劳动效率的高低。兔舍建筑是养兔生产的前期工作，至关重要，因而对兔舍建筑的目的必须非常明确。

兔舍建筑的目的，一是从家兔的生物学特性出发，满足家兔对环境的要求，以保证家兔健康地生长和繁殖，有效地提高其产品的数量和质量；二是有利于饲养人员日常饲养管理、防疫灭病等方面的操作，从而提高劳动生产效率。兔舍建筑最终是通过上述两方面的结合，为提高养兔的经济效益而创造必要的基础条件。简单地说，兔舍建筑的目的就是为了促使养兔生产实现高产、优质和高效。

20. 兔舍设计的原则是什么？

在兔舍设计与建造时必须遵循以下基本原则：

（1）最大限度地适应家兔的生物学特性：兔舍设计必须首先"以兔为本"，充分考虑家兔的生物学特性，尤其是生活习性。家兔喜欢干燥，在场址选择时就应考虑；家兔怕热耐寒，在确定兔舍朝向、结构及设计通风设施时就要注重防暑；家兔喜啃硬物（啮齿行为），建造兔舍时，在笼门边框、产仔箱边缘等处，凡是能被家兔啃咬到的地方，都要采取必要的加固措施，或选用合适的耐啃咬材料。

（2）有利于提高劳动生产效率：兔舍既是家兔的生活环境，又是饲养人员对家兔日常管理和操作的工作环境。兔舍设计不合理，一方面会加大饲养人员的劳动强度，另一方面也会影响饲养人员的工作情绪，最终会影响劳动生产效率。因此，兔舍设计与建筑要便于饲养人员的日常管理和操作。

（3）满足家兔生产流程的需要：家兔的生产流程是由家兔的生产特点所决定的，它由许多环节组成，受多种因素影响。

生产类型、饲养目的不同，生产流程也有所不同。兔舍设计应满足相应的生产流程需要，而不能违背生产流程进行盲目设计，要避免生产流程中各环节在设计上的脱节或不协调、不配套。如种兔场，以生产种兔为目的，就需要按种兔生产流程设计建造相应的种兔舍、测定兔舍、后备兔舍等；商品兔场，则需要设计建造种兔舍、育肥兔舍等。各种类型兔舍、兔笼的结构要合理，数量要配套。

21. 怎样选择场址？

（1）地势：兔场场址应选在地势高燥、有适当坡度、背风向阳、地下水位低、排水良好的地方。低洼潮湿、排水不良的场地不利于家兔体热调节，而有利于病原微生物的生长繁殖，特别是适合寄生虫如螨虫、球虫等的生存。为了便于排水，兔场地面要平坦或稍有坡度（以1%～3%为宜）。

（2）水源及水质：一般兔场的需水量比较大，如家兔饮水、兔舍笼具清洁卫生用水、种植饲料作物用水以及日常生活用水等，必须要有足够的水源。同时，水质状况如何，将直接影响家兔和人员的健康。因此，水源及水质应作为兔场场址选择优先考虑的一个重要因素。水量不足将直接限制家兔生产；而水质差，达不到应有的卫生标准，同样也是家兔生产的一大隐患。生产和生活用水应清洁无异味，不含过多的杂质、细菌和寄生虫，不含腐败有毒物质，矿物质含量不应过多或不足。较理想的水源是自来水和卫生达标的深井水。

（3）交通及周围环境：家兔生产过程中形成的有害气体及排泄物会对大气和地下水产生污染，因此兔场不宜建在人口密集和繁华地带，而应选择相对隔离的偏僻地方，有天然屏障如河塘、山坡等作隔离更好，但要求交通方便，尤其是大型兔场更是如此。大型兔场建成投产后，物流量比较大，如草料等物资的运进，兔产品和粪肥的运出等，对外联系也比一般兔场多，若交通不便，则会给生产和工作带来困难，甚至会增加兔场的开支。兔场不能靠近公路、铁路、港口、车站、采石场等，也应远离屠宰场、牲畜市场、畜产品加工厂及有污染的工厂。为了有利于卫生防疫，兔场距交通主干道应在300米以上，距一般道路100米以上，以便形成卫生缓冲带。兔场与居民区之间应有200米以上的间距，并且处在居民区的下风口，尽量避免兔场成为周围居民区的污染源。规模兔场，特别是集约化程度较高的兔场，用电设备比较多，对电力条件依赖性强，兔场所在地的电力供应应有保障。

22. 兔场如何合理布局？

具有一定规模的兔场要分区布局，一般分成生产区、管理区、生活区、辅助区四大块。生产区是兔场的核心部分，其排列方向应面对该地区的常年风向。为了防止生产区的气味影响生活区，生产区应与生活区并列排列并处偏下风位置。生产区内部应按核心群种兔舍—繁殖兔舍—育成兔舍—幼兔舍的顺序排列，并尽可能避免运料路线与运粪路线的交叉。管理区是办公和接待来往人员的地方，通常由办公室、接待室、陈列室和培训教室组成。其位置应尽可能靠近大门口，使对外交流更加方便，也减少对生产区的直接干扰。生活区主要包括职工宿舍、食堂等生活设施。其位置可以与生产区平行，靠近管理区，但必须在生产区的上风向。辅助区内分两小区，一区包括饲料仓库、饲料加工车间、干草库、水电房等；一区包括兽医诊断室、病兔隔离室、死兔化尸池等。因为饲料加工有粉尘污染，兽医诊断室、病兔隔离室经常接触病原体，所以，辅助区必须设在生产区、管理区和生活区的下风向，以保证整个兔场的安全。至于各个区域内的具体布局，则本着有利于生产和防疫、方便工作及管理的原则，合理安排。

23. 兔舍设计与建筑的一般要求有哪些？

兔舍不同于民用住房，更不同于工业厂房。它既是家兔的生活空间，又是生产车间。对兔舍设计与建筑，既有建筑学方面的技术要求，又有家兔生物学方面的专业要求。这里主要从养兔的专业角度介绍兔舍设计与建筑的一般要求。

（1）兔舍设计应符合家兔生活习性，有利于生长发育及生产性能的提高；便于饲养管理和提高工作效率；有利于清洁卫生，防止疫病传播。

（2）兔舍形式、结构、内部布置，必须符合不同类型和不同用途家兔的饲养管理和卫生防疫要求，也必须与不同的地理条件相适应。

（3）兔舍建筑材料，特别是兔笼材料要坚固耐用，防止被兔啃咬损坏；在建筑上应有防止家兔打洞逃跑的措施。

（4）家兔胆小怕惊，抗兽害能力差，怕热，怕潮湿。因此，在建筑上要有相应的防雨、防潮、防暑降温、防兽害及防严寒等措施。

（5）兔舍地面要求平整、坚实，能防潮，舍内地面要高于舍外地面20～25厘米，舍内走道两侧要有坡面，以免水及尿液滞留在走道上；室内墙壁、水泥预制板兔笼的内壁、承粪板的承粪面要求平整光滑，易于消除污垢，清洗消毒。

（6）兔舍窗户的采光面积为地面面积的15%，阳光的入射角度不低于25°～30°。兔舍门要求结实、保温、防兽害，门的大小以方便饲料车和清粪车的出入为宜。

（7）兔舍内要设置排水系统。排粪沟要有一定坡度，以便在打扫和用水冲刷时能将粪尿顺利排出舍外，通往蓄粪池，也便于尿液随时排出舍外，从而降低舍内湿度和有害气体浓度。

（8）为了防疫和消毒，在兔场和兔舍入口处应设置消毒池或消毒盘，并且要方便更换消毒液。

（9）保证舍内通风。我国南方炎热地区多采用自然通风，北方寒冷地区在冬季采用机械强制通风。自然通风适用于小规模养兔场。机械通风适用于集约化程度较高的大型养兔场。

24. 兔舍建筑形式有哪些?

我国地域辽阔，各地气候条件不同，经济基础各异，兔舍建筑形式也各不相同。采用何种兔舍建筑形式和结构，主要取决于饲养目的、饲养方式、饲养规模及经济承受能力等。小规模副业性质的养兔，宜采用简单的兔舍建筑形式，可利用旧棚舍或闲置的房屋进行散养或圈养；上一定规模、属主业性质的养兔，则宜建造比较规范的兔舍，实行笼养，以便于日常管理；我国北方地区，冬季漫长，气候寒冷，农村可采用地窖饲养，不仅冬暖夏凉，而且经济实用。笼养是较理想的一种饲养方式，相对于其他几种饲养方式如散养、圈养、窖养等，更便于控制家兔的生活环境，便于饲养管理、配种繁殖及疾病防治，有利于家兔的生长发育，因而是值得推广的一种饲养方式。在这里主要介绍以笼养为前提的几种常见兔舍建筑形式。

（1）室外单列式兔舍：这种兔舍实际上既是兔舍又是兔笼，是兔舍与兔笼的直接结合。因此，既要达到兔舍建筑的一般要求，又要符合兔笼的设计需要。兔笼正面朝南，兔舍采用砖混结构，为单坡式屋顶，前高后低，屋檐前长后短，屋顶采用水泥预制板或波形石棉瓦，兔笼后壁用砖砌成，并留有出粪口，承粪板为水泥预制板。为了适应露天条件，兔舍地基宜高些，兔舍前后最好要有树木遮阳。这种兔舍优点是造价低，通风条件好，光照充足；缺点是不易挡风挡雨，冬季繁殖小兔有困难。

（2）室内单列式兔舍：这种兔舍四周有墙，南北墙有采光通风窗，屋顶形式不限，单坡、双坡、平顶、拱形、钟楼、半钟楼均可，兔笼列于兔舍内的北面，笼门朝南，兔笼与南墙之间为工作走道，兔笼与北墙之间为清粪道，南北墙距地面 20 厘米处留对应的通风孔。这种兔舍优点是冬暖夏凉，通风良好，光线充足，缺点是兔舍利用率低。

（3）室外双列式兔舍：为两排兔笼面对面而列，两列兔笼的后壁就是兔舍的两面墙体，两列兔笼之间为工作走道，粪沟在兔舍的两面外侧，屋顶为双坡式（人字形顶）或钟楼式。兔笼结构与室外单列式兔舍基本相同。与室外单列式兔舍相比，这种兔舍保暖性能较好，饲养人员可在室内操作，但缺少光照。

（4）室内双列式兔舍：这种兔舍分为两种形式：一种是两列兔笼背靠背排列在兔舍中间，两列兔笼之间为清粪沟，靠近南北墙各一条工作走道；另一种是两列兔笼面对面排列在兔舍两侧，两列兔笼之间为工作走道，靠近南北墙各有一条清粪沟。屋顶为双坡式、钟楼式或半钟楼式。同室内单列式兔舍一样；南北墙有采光通风窗，接近地面处留有通风孔。这种兔舍，室内温度易于控制，通风透光良好，但朝北的一列兔笼光照、保暖条件较差。由于空间利用率高，饲养密度大，在冬季门窗紧闭时有害气体浓度也较大。

（5）室内多列式兔舍：室内多列式兔舍有多种形式，如四列三层式、四列阶梯式、四列单层式、六列单层式、八列单层式等。屋顶为双坡式，其他结构与室内双列式兔舍大致相同，只是兔舍的跨度加大，一般为 8～12 米。这类兔舍的最大特点是空间利用率高，缺点是通风条件差，室内有害气体浓度高，湿度比较大，需要采用机械通风换气。

25. 兔舍常用设备有哪些?

兔舍常用设备可大致分为六个部分：兔笼，饲喂设备，饮水设备，产仔箱，喂料车，运输笼等。

（1）兔笼：兔笼是兔生产中不可缺少的重要设备，设计合理与否，直接影响着兔的健康和生产效益。兔笼设计一般应符合兔的生物学特性，造价低廉，经久耐用，便于操作管理。兔笼规格和大小，应按兔的品系类型和性别、年龄等的不同而定。一般以兔体长为尺度，笼长为体长的1.5～2.0倍，笼宽为体长的1.3～1.5倍，笼高为体长的0.8～1.2倍。

（2）食槽：兔用食槽有很多种类型，有简易食槽，也有自动食槽。因制作材料的不同，又有竹制食槽、陶制食槽、水泥食槽、铁皮食槽、塑料食槽之分。配置何种食槽，主要根据兔笼形式而定。简易食槽，制作简单，成本低，适合盛放各种调制类型的饲料，但喂料时的工作量大，饲料容易被污染，也容易造成兔扒料浪费。自动食槽，容量较大，安置在兔笼前壁上，适合盛放颗粒饲料，从笼外添加饲料，喂料省时省力，饲料不容易被污染，浪费也少，但食槽制作较复杂，成本也比较高。

（3）槽架：为防止饲草被兔踩踏污染，节省饲草，一般采用草架喂草。草架的制作比较简单，用木条、竹片钉成V字形，木条或竹片之间的间隙为3～4厘米，草架两端底部分别钉上一块横向木块，用以固定草架，以便平稳放置在地面上，供散养兔或圈养兔食草用。笼养兔的草架一般固定在兔笼前门上，亦呈V字形，草架内侧间隙为4厘米，外侧为2厘米，可用金属丝、木条和竹片制成。

第四节　兔的饲料与配制技术

26. 家兔需要的营养有哪些?

家兔需要的营养成分主要有能量、蛋白质、脂肪、矿物质、维生素、粗纤维、水和碳水化合物。

(1) 能量：家兔采食的饲料中三大有机物，即蛋白质、碳水化合物和脂肪在体内进行生物氧化，释放出分子内潜藏的化学能量，再转化成维持生命活动和从事肉、乳、毛等生产所需的能量。其中，碳水化合物在植物性饲料中占70%左右，是家兔能量的主要来源。饲料中的能量蕴藏在营养物质之中，家兔营养物质的代谢必然伴随着能量代谢。实践证明，饲养效果与能量水平密切相关，即能量水平直接影响生产水平。家兔和其他单胃动物一样，能自动地调节采食量以满足其对能量的需要。不过，家兔消化道的容量是有一定限度的，因此，其自动调节能力也是有限度的。当日粮能量水平过低时，虽然它能增加采食量，但仍不能满足其对能量的需要，则会导致家兔的健康恶化，能量利用率降低，体脂分解多，导致酮血症；体蛋白分解多，而致毒血症。若日粮中能量过高，谷物饲料比例过大，则会出现大量易消化的碳水化合物由小肠进入大肠，从而增加大肠的负担，出现异常发酵，其恶果轻则引起消化紊乱，重则发生消化道疾病。另外，如果日粮中能量水平偏高，家兔会出现脂肪沉积过多而肥胖，对繁殖母兔来说，体脂过高对雌性激素有较大的吸收作用，从而损害繁殖性能。公兔过肥会造成配种困难等不良后果。控制能量水平，可推迟后备母兔性成熟月龄，对其以后的繁殖机能是有益的。因此，要针对不同种类、不同生理状态控制合理的能量水平，保证家兔健康，提高生产性能。

(2) 蛋白质：蛋白质是生命活动的物质基础，其作用不能由其他物质所代替。蛋白质是构成家兔机体的主要成分，是体组织再生、修复的必需物质，是兔产品的重要原料，还可作为能源物质。当饲料中蛋白质的数量和质量适当时，可改善日粮的适口性，增加采食量，提高蛋白质的消化率。当蛋白质不足或质量差时，将影响整个日粮的消化和利用，严重的可导致兔体抗病力和体重下降，生长停滞，受胎率降低，产生弱胎和死胎。但如果饲料中蛋白质过多，不仅造成浪费，而且使蛋白质在胃肠道内引起细菌的腐败过程，产生大量胺类，增加肝、肾的代谢负担，热量消耗增加。因此，应合理搭配饲料，在保障蛋白质营养供应的同时，避免蛋白质营养的过剩。

（3）脂肪：脂肪也是构成体组织的重要成分，是家兔生产和修复组织不可缺少的物质；脂肪也是供给家兔热能和储备能量的主要物质，储积的脂肪还具有隔热保温、支持保护脏器和关节的作用。某些维生素，如维生素A、维生素D、维生素E、维生素K只有溶解于脂肪中才能被肌体吸收和在体内代谢。脂肪缺乏，将会出现这些维生素的缺乏症。另外，脂肪也是畜产品的组成成分，如兔乳中含13.2%的乳脂，兔毛中含0.84%的油脂等。当日粮中严重缺乏脂肪时，家兔表现生长受阻、性成熟晚、睾丸发育不良、受胎率低、产畸形胎儿、皮肤干燥、掉毛、瞎眼等症。但脂肪过多，会造成食欲减退、消化不良、过肥和不孕等。兔日粮中脂肪含量2%～3%即可，另外，家兔能较好地利用植物性脂肪，消化率为83.3%～90.7%；对动物性脂肪利用较差。

（4）矿物质：矿物质是一类无机的营养物质。根据体内含量的不同，矿物质分为常量元素和微量元素两大类。常量元素是指占家兔体重0.01%以上的元素，主要有钙、磷、钾、钠、氯、镁和硫，占兔体矿物质总量的99.95%。微量元素是指占家兔体重0.01%以下的元素，主要包括铁、锌、铜、钼、锰、钴、硒、碘等，共占兔体矿物质总量的0.05%。任何一种矿物质在家兔体内都有其特定的生理功能，任何一种矿物质缺乏或过量都会引起兔体机能紊乱。

钙磷缺乏会导致骨骼病变，幼兔和成年兔的典型症状是佝偻病和骨质疏松症。另外，家兔缺钙还会导致眼球水晶体白浊、痉挛。缺磷则主要表现厌食、生长不良。

由于植物性饲料中含钾多，含钠和氯极少，所以，家兔很少发生缺钾现象，而经常缺乏钠和氯。当日粮中缺乏钠和氯时，幼兔生长受阻，食欲减退，出现异食癖等。因此，家兔日粮中需添加0.5%的食盐，但当饮水受到限制时，采食过量食盐会引起家兔中毒。

家兔缺镁会导致过度兴奋而痉挛，生长兔生长不良。据试验，饲料中加入1%～2%硫磺，对于促进家兔增重，预防球虫病有一定的作用。

家兔缺铁的典型症状是低色素红细胞性贫血，表现为体重减轻，食欲减退，倦怠无神，黏膜苍白。兔的肝脏有很大的贮铁能力，故一般不易发生缺铁症状。

缺铜会使血红细胞的寿命缩短，铁的吸收利用率降低，而造成家兔贫血，体重减轻，生长受阻，典型症状是脊柱下垂。过量钼会造成铜的缺乏，故在钼的污染区，应增加铜的补饲。

日粮中锌不足，会导致母兔采食量减少，体重减轻，深色毛变灰，脱毛，皮炎，繁殖力丧失。块根块茎饲料中含锌贫乏，而酵母、糠麸、油饼和动物性饲料中含有大量的锌。

家兔缺锰时，会导致骨骼发育异常，如弯腿、脆骨症、骨短粗症等，还会影响正常的繁殖机能。植物性饲料中含有较多的锰，一般不会造成锰缺乏。

钴是维生素 B_{12} 的组成成分，钴缺乏时会使幼兔生长停滞，成兔消瘦贫血。正常情况下，饲料中含有足够的钴，但在缺钴地区应予以补加。

缺硒引起的症状与维生素 E 不足相似，如生长停滞、繁殖机能紊乱、白肌病、睾丸萎缩等。硒本身是有毒元素，过量会造成中毒，除中国东北及西北部分地区已发现土壤和饲料中缺硒并造成家畜缺硒症外，多数地区饲料中的含硒量可满足家兔的需要。

缺碘具有地方性，缺碘会引起幼兔生长受阻，神经和性器官发育受阻，繁殖机能下降。因此，缺碘地区应补碘化食盐。

（5）维生素：维生素是维持家兔正常生理机能所必需，且需要量很少的一类低分子有机物质。缺乏这类物质将导致代谢障碍，出现相应缺乏症。根据其溶解性，将其分为脂溶性维生素和水溶性维生素两大类。脂溶性维生素包括维生素 A、维生素 D、维生素 E、维生素 K。水溶性维生素包括维生素 B 族和维生素 C。

维生素 A，又称抗眼病维生素，缺乏维生素 A 会导致视力减退、夜盲症，上皮细胞过度角质化，引起眼病；还会导致肺炎、肠炎、流产、胎儿畸形、幼兔生长停滞、发育不良、骨骼发育异常而压迫神经，造成运动失调、痉挛性瘫痪。植物性饲料中不含维生素A，只含有维生素A原——胡萝卜素，尤其是青绿饲料、胡萝卜和黄玉米中含量较多，胡萝卜素在小肠及肝脏中可转变成维生素A，家兔的转化能力很强。但维生素A与胡萝卜素都不稳定，易被氧化，当饲料受热、受潮、发霉或储存时间较长时，大多数氧化失效。生产中，维生素A缺乏症较多见，应特别注意。但补充维生素A过量也会引起不良反应，表现为生长障碍、皮肤营养障碍、上皮增厚、自然性骨折等。

维生素D，又称抗佝偻病维生素。其主要功能是调节钙、磷代谢，促进骨骼和牙齿的钙化和发育。维生素D不足，机体钙磷平衡受到破坏，从而导致与钙、磷缺乏类似的骨骼病变，如软骨病、关节肿大、母兔产后瘫痪、仔兔佝偻病等，为防止维生素D缺乏，除添加以外，可让兔子多晒太阳，饲喂天然干草，也可获得一定的维生素D。维生素D过量也会引起家兔的不良反应。

维生素E，又称抗不育维生素。家兔对缺乏维生素E非常敏感，它的作用不能被硒协同和代替。当维生素E不足时，会导致兔子肌肉营养性障碍，即骨骼肌和心肌变性，运动失调，瘫痪，还会造成脂肪肝及肝坏死，繁殖机能受损，新生兔死亡，母兔不孕。一般青绿多汁饲料和优质干草中都含有较丰富的维生素E，而蛋白饲料中较缺乏。

维生素K，又称抗出血维生素，是血液凝固所必需的物质。家兔肠道能合成维生素K，合成的数量一般能满足生长兔的需要。种兔在繁殖时必须添加维生素K。饲料中添加抗生素、磺胺药及某些饲料中含有拮抗（如双香豆素）以及患球虫病时会引起维生素K缺乏。当日粮中维生素K缺乏时，会引起妊娠母兔的胎盘出血、流产等。

维生素B_1，又叫硫胺素、抗神经炎维生素。由于家兔消化道能合成相当数量的维生素B_1，故其缺乏症较少发生。但当日粮中含有结构与维生素B_1相似的拮抗物时，就会发生维生素B_1缺乏症，表现为生长受阻，运动失调，后肢瘫痪，痉挛，昏迷直至死亡。

维生素 B_2，又叫核黄素。家兔体内能合成足够的维生素 B_2，故不易缺乏。

维生素 B_3，又叫泛酸。家兔饲料中泛酸来源广泛，且体内能合成，因此很少发生缺乏症。

维生素 PP，又叫烟酸、尼克酸。抗糙皮病因子。当烟酸不足时，家兔表现为丧失食欲，下痢消瘦，生长受阻。家兔与其他家畜一样，在体内可利用色氨酸转化为烟酸。日粮中缺乏烟酸时，添加色氨酸可以防止烟酸缺乏症。另外，家兔的消化道中也能合成烟酸。

维生素 B_6，又叫吡哆素，包括比哆醇、吡哆醛、吡哆胺。当吡哆素缺乏时，家兔生长缓慢，易患皮炎，神经系统受损，表现为运动失调，严重时痉挛。家兔在盲肠中能合成维生素 B_6，但当生产水平高时，需要量也高，故应在日粮中补充维生素 B_6。每千克饲料中加入 40 微克维生素 B_6 可预防缺乏症。

维生素 B_7，又叫生物素；一般情况下，家兔肠道能合成维生素 B_7，可满足需要，但合成的生物素易被某些氨基酸复合体转化为不能吸收的形式，而发生缺乏症，如皮炎、脱毛、痉挛等。

维生素 B_{11}，又叫叶酸。叶酸缺乏时，家兔发生巨红细胞性贫血，使生长受阻。家兔的饲料中叶酸来源广泛，且肠道微生物能合成足够的叶酸。但当口服磺胺类药物时，可抑制合成叶酸的微生物生长，引起缺乏症。

维生素 B_{12}，又叫抗恶性贫血维生素。当维生素 B_{12} 缺乏时，家兔生长缓慢、贫血等。一般植物性饲料中不含维生素 B_{12}，但家兔肠道微生物能合成，合成的量受饲料中钴含量的影响。

胆碱缺乏时，家兔会出现脂肪肝、肝硬化、肾坏死、贫血、黄疸等。生长停滞，运动失调，成年母兔繁殖机能障碍。

维生素 C，又叫抗坏血酸、抗坏血病维生素。当缺乏维生素 C 时，贫血，凝血时间延长，影响骨骼发育和对铁、硫、碘、氟的利用。生长受阻，新陈代谢障碍。家兔体内能合成并能满足生长需要。对幼兔和高温、运输等逆境中的家兔应注意补充。

(6) 粗纤维：粗纤维包括纤维素、半纤维素和木质素，是植物细胞壁的主要成分。家兔是单胃草食动物，其发达的盲肠中存有可利用粗纤维的微生物体系，但其对于粗纤维的消化率低于复胃动物牛和羊。尽管如此，日粮中适量的粗纤维对于维持正常的消化生理，防止消化功能的紊乱，起到举足轻重的作用。不同的饲料中粗纤维的内部结构不同，因而，消化率不一样。不同的品种对于粗纤维的利用率也不同，一般来说，大型的本地品种对于粗纤维的消化率较高。日粮中粗纤维一般为12%～14%。但是，生产中适量提高粗纤维的含量，对于预防消化道疾病有良好效果。

(7) 水：水是家兔赖以生存的重要因素，家兔体内所含的水约占其体重的70%。水是消化吸收的介质，家兔体内各种消化液均含有水分，水在胃肠道内可刺激胃液分泌，稀释肠液，使消化的营养物质易于吸收；水参与细胞内、外的化学作用，促进新陈代谢；水是调节体温的重要物质，炎热时，通过出汗，利用水分的蒸发消耗热能，降低体温；水作为关节、肌肉和体腔的润滑剂，对组织器官具有保护作用。饮水是家兔体内水的主要来源。据报道，家兔每千克活重需水12～16克/日。家兔越小，需水越多。家兔的饮水量一般为采食干草量的2.0～2.5倍，夏季约为4倍；哺乳母兔与幼兔饮水更多。各类饲料中均含有水，这部分水也是家兔体内水的重要来源。水是家兔维持生命绝对不可缺少的物质。饥饿时，家兔可消耗体内的糖原、脂肪和蛋白质等来维持生命，甚至失去体重的40%仍可维持生命，但家兔体内损失5%的水，就会出现严重的干渴现象，食欲丧失，消化能力减弱，抗病力下降。损失10%的水时，就会引起严重的代谢紊乱，生理过程遭到破坏。由于缺水引起的代谢紊乱可使家兔健康受损，且生产力遭到严重破坏。仔兔生长发育迟缓，增重缓慢，母兔泌乳量降低。当家兔体内损失20%的水时，即可引起死亡。家兔具有根据自身需要调节饮水量的能力，因此，应保证家兔自由饮水。

（8）碳水化合物：碳水化合物，是体内热能的主要来源，在体内可转变为糖原和脂肪，作为营养贮备于肝脏和肌肉中备用，还是合成乳脂和乳糖的原料。碳水化合物如果不足，实际上是能量不足，这时家兔为维持生命活动就停止生产，并动用体内储备的糖原和体脂肪用以供能，造成体重减轻，生产力下降。缺乏严重时便分解体蛋白质供给最低能量需要，造成家兔消瘦，抗病力下降，甚至死亡。碳水化合物中的粗纤维虽不易消化，但可使胃肠道有一定的充盈度，使家兔有饱感，可使胃肠道正常蠕动，避免浓厚料在胃内结成团块；不易消化而引起肠炎，以及对兔子的最快生长和预防吃毛都有利。据报道，日粮中含有12%～15%粗纤维，可使肠炎发生率降低到最低程度。从生理角度看，粗纤维含量的最小值为6%～12%，生产中常有因日粮中粗纤维含量低，家兔为保持纤维量而吃毛的现象。当有15%粗纤维时不发生吃毛现象，也可减少肠毒症发生。但当粗纤维超过20%时，可能引起盲肠梗塞；青绿饲料和粗饲料是粗纤维的重要来源，家庭养兔应以草为主，精料为辅。

27. 家兔常用饲料的种类有哪些？

家兔是单胃草食家畜，食谱广，可食饲料种类繁多，主要包括青绿多汁饲料、粗饲料、能量饲料、蛋白质饲料、矿物质饲料和添加剂。

（1）青绿多汁饲料：青绿饲料富含叶绿素，而多汁饲料富含汁水。包括各种新鲜野草、野菜、天然牧草、栽培牧草、青饲作物、菜叶、水生饲料、幼嫩树叶、非淀粉质的块根、块茎、瓜果类等。

青绿饲料的营养特点是：含水分大，一般高达60%～90%；体积大，单位重量含养分少，营养价值低，消化能仅为1.25～2.51兆焦/千克，因而单纯以青绿饲料为日粮不能满足能量需要；粗蛋白的含量较丰富，同时，青绿饲料的蛋白质品质较好，含必需氨基酸较全面，生物学价值高，尤其是叶片中的叶绿蛋白，对哺乳母兔特别有利。富含B族维生素，钙、磷含量丰富，比例适当，还富含铁、锰、锌、铜、硒等必需的微量元素。青绿饲料幼嫩多汁，适口性好，消化率高，还具有轻泻、保健作用，是家兔的主要饲料。

（2）粗饲料：粗饲料是指天然水分含量在45%以下，干物质中粗纤维含量在18%以上的一类饲料，主要包括干草、秸秆、荚壳、干树叶及其他农副产品。其特点是，体积大、重量轻，养分浓度低，蛋白质含量差异大，总能含量高，消化能低，维生素D含量丰富，其他维生素较少，含磷较少，粗纤维含量高，较难消化。

（3）能量饲料：能量饲料指干物质中粗纤维含量在18%以下，粗蛋白质含量在20%以下，消化能含量在10.5兆焦/千克以上的饲料。这类饲料的基本特点是无氮浸出物含量丰富，可以被家兔利用的能值高。含粗脂肪7.5%左右，且主要为不饱和脂肪酸。蛋白质中赖氨酸和蛋氨酸含量少。含钙不足，一般低于0.1%。磷较多，可达0.3%～0.45%，但多为植酸盐，不易被消化吸收。缺乏胡萝卜素，但B族维生素比较丰富。这类饲料适口性好，消化利用率高，在家兔饲养中占有极其重要的地位。常用的有玉米、高粱、米糠、麦麸等。

（4）蛋白质饲料：蛋白质饲料是指干物质中粗纤维含量在18%以下，粗蛋白质含量在20%以上的饲料。包括植物性蛋白质饲料、动物性蛋白质饲料、单细胞蛋白质饲料及非蛋白氮饲料。常用豆类子实有两类，一类是高脂肪、高蛋白质的油料子实，如大豆、花生等，一般不直接用作饲料；另一类是高碳水化合物、高蛋白的豆类，如豌豆、蚕豆等。豆类子实中粗蛋白质含量较谷实类丰富，一般为20%～40%，且赖氨酸和蛋氨酸的含量较高，品质好，优于其他植物性饲料。除大豆外，脂肪约含2%左右，消化能偏高。矿物质与维生素含量与谷实类大致相似，维生素B_1和B_2的含量稍高于谷实类，钙含量稍高一些，钙磷比例不适宜。生的豆类子实含有一些不良物质，如大豆中含有抗胰蛋白酶、尿素酶、皂素与血凝素等。这些物质降低了适口性并影响家兔对饲料中蛋白质的使用及正常的生产性能，使用时应经过适当的热处理。常用的有饼粕类（大豆饼粕、花生饼粕、棉籽饼粕、菜籽饼粕、胡麻饼、向日葵饼、芝麻饼等)、酒糟、鱼粉、肉粉、肉骨粉、血粉、羽毛粉、饲料酵母等。

(5) 矿物质饲料：矿物质饲料包括工业合成的、天然的单一种矿物质饲料，多种混合的矿物质饲料，以及配合有载体的微量、常量元素饲料。常用的有食盐、石粉、贝壳粉、蛋壳粉、石膏、硫酸钙、磷酸氢钠、磷酸氢钙、骨粉、混合矿物质补充饲料等。

(6) 添加剂：添加剂是在配合饲料中加入的各种微量成分，其作用是完善饲料的营养成分，提高饲料的利用率，促进家兔生长和预防疾病；减少饲料在储存期间的营养损失，改善产品品质。常用的有补充饲料营养成分的添加剂，如氨基酸、矿物质和维生素；促进饲料利用和保健作用的添加剂，如生长促进剂、驱虫剂和助消化剂等；防止饲料品质降低的添加剂，如抗氧化剂、防霉剂、黏结剂和增味剂等。

28. 如何加工与调制家兔混合饲料?

对饲料进行加工调制，可明显改善适口性，利于咀嚼，提高饲料消化率和吸收率，提高生产性能；便于储藏和运输。混合饲料的加工调制包括以下几方面：

(1) 青绿饲料的加工调制：青绿饲料含水分高，宜现采现喂，不宜储藏运输，必须制成青干草或干草粉，才能长期保存。干草的营养价值取决于制作原料的种类、生长阶段和调制技术。

调制干草的方法一般有两种，地面晒干和人工干燥。人工干燥法又有高温和低温两法。低温法是在45～50 ℃温度下室内停放数小时，使青草干燥；高温法是在50～100 ℃的热空气中脱水干燥6～10秒，即可干燥完毕，一般植株温度不超过100 ℃，几乎能保存青草的全部营养价值。

(2) 粗饲料的加工调制：粗饲料质地坚硬，含纤维素多，其中木质素比例大，适口性差，利用率低，通过加工调制可使这些性状得到改善。

① 物理处理：就是利用机械、水、热力等物理作用，改变粗饲料的物理性状，提高利用率。具体方法有：切短，使之有利于家

兔咀嚼，且容易与其他饲料配合使用。浸泡，即在100千克温水中加入5千克食盐，将切短的秸秆分批在桶中浸泡，24小时后取出，因而软化秸秆，提高秸秆的适口性，便于采食。蒸煮，将切短的秸秆于锅内蒸煮1小时，焖2～3小时即可。这样可软化纤维素，增加适口性。热喷，将秸秆、荚壳等粗饲料置于饲料热喷机内，用高温、高压蒸气处理1～5分钟后，立即放在常压下使之膨化。热喷后的粗饲料结构疏松，适口性好。家兔的采食量和消化率均能提高。

② 化学处理：就是用酸、碱等化学试剂处理秸秆等粗饲料，分解其中难以消化的部分，以提高秸秆的营养价值。

A. 氢氧化钠处理：氢氧化钠可使秸秆结构疏松，并可溶解部分难消化物质，而提高秸秆中有机物质的消化率。最简单的方法是将2%的氢氧化钠溶液均匀喷洒在秸秆上，经24小时即可饲喂。

B. 石灰液钙化处理：石灰液具有同氢氧化钠类似的作用，而且可以补充钙质，更主要的是该方法简便，成本低。其方法是每100千克秸秆用1千克石灰，1～1.5千克食盐，加水200～250千克搅匀配好，把切碎的秸秆浸泡5～10分钟，然后捞出放在浸泡池的垫板上，熟化24～36小时后即可饲喂。

C. 碱酸处理：把切碎的秸秆放入1%的氢氧化钠溶液中，浸泡好后，捞出压实，过12～24小时再放入3%的盐酸中浸泡。捞出后把溶液排放后即可饲喂。

D. 氨化处理：用氨或氨类化合物处理秸秆等粗饲料，可软化植物纤维，提高粗纤维的消化率，增加粗饲料中的含氮量，改善粗饲料的营养价值。

③ EM处理法：EM是“有效微生物”（Effectivemicroorganisma）的英文缩写，是由光合细菌、放线菌、酵母菌、乳酸菌等10个属80多种微生物复合培养而成。处理要点如下：

A. 秸秆粉碎：可先将秸秆用铡草机铡短，然后在粉碎机内粉碎成粗粉。

B. 配制菌液取EM原液2 000毫升，加糖蜜或红糖2千克，净水320千克，在常温下充分混合均匀。

C. 菌液拌料：将配置好的菌液喷洒在1吨粉碎好的粗饲料上，充分搅拌均匀。

D. 厌氧发酵：将混拌好的饲料一层层地装入发酵窖（池）内，随装随踩实。当料装至高出窖口30～40厘米时，上面覆盖塑料薄膜，再盖20～30厘米厚的细土，拍打严实，防止透气。少量发酵，也可用塑料袋，其关键是压实，创造厌氧环境。

E. 开窖喂用：封窖后夏季5～10天，冬季20～30天即可开窖喂用。开窖时要从一端开始，由上至下，一层层喂用。窖口要封盖，防止阳光直射、泥土污物混入和杂菌污染。优质的发酵料具有苹果香味，酸甜兼具，经过适当驯食后，家兔即可正常采食。

④ 秸秆微贮法：发酵活杆菌是由木质纤维分解菌和有机酸发酵菌通过生物工程技术置备的高效复合杆菌剂，用来处理作物秸秆等粗饲料，效果较好。制作方法如下：

A. 秸秆粉碎：将麦秸、稻草、玉米秸等粗饲料以铡草机切碎或粉碎机粉碎。

B. 菌种复活：秸秆发酵活杆菌菌种每袋3克，可调制干秸秆1吨，或青秸秆2吨。在处理前，先将菌种倒入200毫升温水中充分溶解，然后在常温下放置1～2小时后使用，当日用完。

C. 菌液配制：以每吨麦秸或稻草，需要活菌制剂3克，食盐9～12千克（用玉米秸可将食盐降至6～8千克），水1 200～1 400千克的比例配置菌液，充分混合。

D. 秸秆入窖：分层铺放粉碎的秸秆，每层20～30厘米厚，并喷洒菌液，使物料含水率60%～70%，喷洒后踏实，然后再铺第二层，一直高出窖口40厘米时再封口。

E. 封口：将最上面的秸秆压实，均匀洒上食盐，用量为每平方米250克，以防止上面的物料霉烂，最后盖塑料薄膜，往膜上铺20～30厘米的麦秸或稻草，最后覆土15～20厘米，密封，进行厌氧发酵。

F. 开窖和使用：封窖21～30天后即可喂用。发酵好的秸秆应具有醇香和果香酸甜味，手感松散，质地柔软湿润。取用时应先将上层泥土轻轻取下，从一端开窖，一层层取用，取后将窖口封严，防止雨水浸入和掉进泥土。开始饲喂时，家兔可能不习惯，需有7～10天的适应期。

（3）能量饲料的加工调制：能量饲料的营养价值及消化率一般都较高，但是常常因为子实类饲料的种皮、颖壳、内部淀粉粒的结构及某些精料中含有不良物质而影响了营养成分的消化吸收和利用。所以这类饲料喂前也应经过一定的加工调制，以便充分发挥其营养物质的作用。

① 粉碎：这是最简单、最常用的一种加工方法。经粉碎后的子实便于咀嚼，增加饲料与消化液的接触面，使消化作用进行比较完全，从而提高饲料的消化率和利用率。

② 浸泡：将饲料置于池子或缸中，按1：1～1.5的比例加入水。谷类、豆类、油饼类的饲料经过浸泡，吸收水分，膨胀柔软，容易咀嚼，便于消化，而且浸泡后某些饲料的毒性和异味便减轻，从而提高适口性。但是浸泡的时间应掌握好，浸泡时间过长，养分被水溶解造成损失，适口性也降低，甚至变质。

③ 蒸煮：马铃薯、豆类等饲料因含有不良物质不能生喂，必须蒸煮以解除毒性，同时还可以提高适口性和消化率。蒸煮时间不宜过长。一般不超过20分钟。否则可引起蛋白质变性和某些维生素被破坏。

④ 发芽：谷实籽粒发芽后，可使一部分蛋白质分解成氨基酸。同时糖分，胡萝卜素，维生素E、维生素C及维生素B族维生素的含量也大大增加。此法主要是在冬春季缺乏青饲料的情况下使用。方法是将准备发芽的子实用30～40℃的温水浸泡一昼夜，可换水1～2次，后把水倒掉，将子实放在容器内，上面盖上一块温布，温度保持在15℃以上，每天早晚用15℃的清水冲洗1次，3天后即可发芽。在开始发芽但尚未盘根以前，最好翻转1～2次，一般经6～7天，芽长3～6厘米时即可饲喂。

⑤ 制粒：就是将配合饲料制成颗粒饲料。兔具有啃咬坚硬食物的特性，这种特性可刺激消化液分泌，增强消化道蠕动，从而提

高对食物的消化吸收。将配合饲料制成颗粒，可使淀粉熟化；大豆和豆饼及谷物中的抗营养因子发生变化，减少对家兔的危害；保持饲料的均质性，因而，可显著提高配合饲料的适口性和消化率，提高生产性能，减少饲料浪费；便于储存运输，同时还有助于减少疾病传播。

29. 家兔日粮配合的意义有哪些？

传统养兔多以单一饲料或简单几种饲料混合喂兔，不能满足家兔的营养需要，且饲料营养不平衡，因此影响家兔的生产性能。因为任何一种饲料都不可能满足家兔不同生理阶段对各种营养物质的需要，而只有多种不同营养特点的饲料相互搭配，取长补短，才能满足家兔的营养需要，克服单一饲料营养不全面的缺陷。

配合饲料就是根据家兔不同品种、生理阶段、生产目的和生产水平等对营养的需要和各种饲料的有效成分含量把多种饲料按照科学配方配制而成的全价饲料。利用配合饲料喂兔，能最大限度地发挥兔子的生产潜力，提高饲料利用率，降低成本，提高效率。需要指出的是，虽然家兔的全价饲料具有营养需要量和饲料营养价值表的科学依据，但是这两方面都仍在不断研究和完善过程中。因此，应用现有的资料配制的全价饲料应通过实践检验，根据实际饲养效果因地制宜地作些修正。

30. 家兔日粮配合的一般原则有哪些？

家兔日粮配合应遵循以下几个原则：

（1）因兔制宜：要根据家兔的不同品种、性别、生理阶段，参照营养标准及饲料成分表进行配制，不可照搬饲养标准，也不可千篇一律让所有的兔子都吃一种料。比如，较耐粗饲的塞北兔、比利时兔的饲料配方应与对营养要求较高的新西兰兔、布列塔尼亚兔等有所区别。仔兔（补料）、幼兔、母兔空怀期、妊娠期及泌乳期等阶段的饲料应有所区别。而同一品种和同一生产阶段，不同生产性能的兔子的饲料也应有所不同。

（2）因时制宜：设计配方要根据季节和天气情况而灵活掌握。在农村，夏秋季节青饲料可以供应，只要设计精料补充料即可，而在冬春季节，青饲料缺乏，在配方设计时，应增补维生素，并适当补喂多汁饲料。在多雨季节应适当增加干料，在季节交替时，饲料应逐渐过渡等。

（3）适口性：一组营养较全面而适口性不佳的饲料，也不能说是好饲料。因饲料适口性的好坏直接影响到家兔的采食量。适口性好的饲料家兔就爱吃，就可提高饲养效果；如果适口性不好，即使饲料的营养价值很高，也会降低其饲养效果。因此，在设计配方时，应熟悉家兔的嗜好，选用合适的饲料原料。一般而言，家兔喜吃味甜、微酸、微辣、多汁、香脆的植物性饲料；不爱吃有腥味、干粉状和有其他异味（如霉味）的饲料。

（4）多样性：即“花草花料”，防止单打一。兔子对营养的需求是多方面的，任何一种饲料都不可能满足家兔的需要。而应该尽量选用多种饲料合理搭配，以实现营养的互补，一般不应少于3～5种。

（5）廉价性：选择饲料种类，要立足当地资源。在保证营养全价的前提下，尽量选择那些当地产品、数量大、来源广、容易获得、成本低的饲料种类。要特别注意开发当地的饲料资源，如农副产品下脚料酒糟、醋糟、粉渣等。

（6）安全性：选择任何饲料，都应对兔无毒无害，符合安全性的原则。在此强调，青饲料及果树叶，要防止农药污染；有毒饼类如棉籽饼、菜籽饼等要脱毒处理，在无脱毒或脱毒不彻底的情况下，要限量使用，块根块茎类饲料应无腐烂；其他精料如玉米、麸皮等应避免受潮发霉。

31. 家兔日粮配合的方法与步骤有哪些？

日粮配合的方法很多，目前在生产实践中常用的主要有电脑运算法和手算配方法。

（1）电脑运算法：运用电脑制订饲料配方，主要根据所用饲料的品种和营养成分、肉兔对各种营养物质的需要量及市场价格变动情况等条件，将有关数据输入计算机，并提出约束条件（如饲料配比、营养指标等），根据线性规划原理很快就可计算出能满足营养需求而价格较低的饲料配方，即最佳饲料配方。

电脑运算法配方的优点是速度快，计算准确，是饲料工业现代化的标志之一。但需要有一定的设备和专业技术人员。

（2）手算配方法：手算饲料配合方法包括试差法、公式法和对角线法等，其中以“试差法”较为实用。

现以生长兔饲料配方为例，举例说明如下：

第一步，查出营养需要量。根据肉兔营养需要和生产兔场的实践经验，每千克生长兔饲料中应含消化能 10.46 兆焦，粗蛋白质 16%，粗纤维 14%，粗脂肪 39%。每天每只生长兔约需干物质 180 克，消化能 1 832 千焦，粗蛋白质 28 克，粗纤维 25 克，钙 1.7 克，磷 0.7 克。

第二步，计算粗饲料营养含量。根据兔场现有饲料条件，粗饲料选用稻草粉和麦麸，其中容易消化的麦麸约占日粮 15%（180 克×15%=27 克），难消化的稻草粉为 153 克。从饲料营养成分表中查出各自的营养成分。如表 1：

表 1

饲料种类	重量（克）	消化能（千焦）	粗蛋白质（克）	含硫氨基酸（克）	粗纤维（克）	钙（克）	磷（克）
稻草粉	153	941.4	7	0	45.9	0.40	0.11
麦麸	27	326.4	4	0.2	2.0	0.02	0.23
合计	180	1 267.8	11	0.2	47.9	0.42	0.34

第三步，配平能量需要量。试用一部分大麦代替稻草粉，以满足能量需要。大麦可消化能含量为 13 514.3 千焦/千克，稻草粉为 6 150.5 千焦/千克，两者相差 7 363.8 千焦/千克，即用 1 千克大麦代替 1 千克稻草粉可提高能值 7 363.8 千焦/千克。由第一步、第二步相比可知，消化能尚缺 564.2 千焦。因此，满足消化能需要的大麦代替量为 564.2/7 363.8≈0.077 千克（80 克）。

根据以上换算结果，用稻草粉、大麦粉和麦麸配合，其养分平衡状况如表 2：

表 2

饲料种类	重量（克）	消化能（千焦）	粗蛋白质（克）	含硫氨基酸（克）	粗纤维（克）	钙（克）	磷（克）
稻草粉	73	447.7	3.3	0	20.0	0.25	0.05
麦麸	27	326.4	4.0	0.2	2.0	0.02	0.23
大麦粉	80	1 079.5	8.5	0.3	3.0	0.08	0.26
合计	180	1 853.6	15.8	0.5	25.0	0.35	0.54

第四步，配平蛋白质需要量。消化能已基本满足需要，粗蛋白质尚缺 12.2 克，故试用能量与大麦相当的豆饼代替部分大麦，以满足蛋白质需要。豆饼蛋白质含量为 440 克/千克，而大麦则为 106 克/千克，两者相差 334 克/千克，故满足粗蛋白质需要量需豆饼代替量为 12.2/(0.44－0.106)＝37 克。用稻草粉、麦麸，大麦粉、豆饼粉配合，其养分平衡状况如表 3：

表 3

饲料种类	重量（克）	消化能（千焦）	粗蛋白质（克）	含硫氨基酸（克）	粗纤维（克）	钙（克）	磷（克）
稻草粉	73	447.7	3.3	0	20.0	0.25	0.05
麦麸	27	326.4	4.0	0.20	2.0	0.02	0.23
大麦粉	43	577.4	5.0	0.17	1.5	0.04	0.14
豆饼	37	527.2	16.3	0.43	2.0	0.12	0.25
合计	180	1 878.7	28.6	0.80	25.5	0.43	0.67
占需要量（%）	100	101	102	57	102	25	96

根据上述计算结果，尚缺含硫氨基酸 0.6 克，钙 1.27 克，可直接加入蛋氨酸和碳酸钙配平；为增加肉兔食欲和补充钠的需要量，还需添加食盐 0.5%。另外，为满足生长兔对维生素的需要量，每 50 千克配合饲料需添加多维素 10 克（表 4）。

表 4

饲料种类	配合比例（%）	主要养分含量
稻草粉	40	消化能 10.4 兆焦/千克
麦麸	15	粗蛋白质 16.0%
大麦粉	23	粗纤维 14.0%
豆饼	20	含硫氨基酸 0.8 克
骨粉	1.2	钙 0.6 克
食盐	0.5	磷 0.4 克
蛋氨酸	0.3	

第五节　兔的一般饲养管理技术

32. 肉兔饲养管理的一般原则是什么？

（1）根据生产目的和季节的不同，采用科学的饲养方式。规模化良种兔场，应采用全价颗粒饲料。商品肉兔生产场、户，在夏、秋季节可以以青绿饲料为主，精料为辅；在冬春季节，应以配合饲料为主，适当补充富含维生素的青绿多汁饲料。

（2）以青料为主，精料为辅。兔为草食动物，应以食草为主，对营养不足部分补以精料。兔的食草能力占体重的 10%～30%。精料根据生长、妊娠、哺乳等生理阶段特点进行补喂，补充量为 50～150 克。

（3）合理搭配，饲料多样化。常言道，若要兔儿好，就要吃百样草。兔子生长快，繁殖率高，体内代谢旺盛，而且它的肉、皮、奶、毛内含的营养高，因此对饲料中的营养要求全面。日粮应由多种多样的饲料组成，即能使营养全面，又能起到蛋白互补作用，同时还可提高饲料适口性。

（4）日粮组成稳定，饲料变换逐渐进行。饲料的更换应有 1 周的过渡期，先更换 1/3，2～3 天后再更换 1/3，再过 2～3 天便可全部更换为新饲料，使肉兔有个适应过程。

（5）注意饲料品质，认真调制日粮。不喂发霉变质及有毒的饲料。对各种饲料，要按不同特点进行合理调制，提高食欲，促进消化，达到防病的目的。

（6）定时定量，供足饮水。每天饲喂次数一般为青料 2～3 次，精料补充料 2 次，生长幼兔和哺乳母兔分别增加 1 次，晚上 9 点以后加喂夜草 1 次，做到“早上喂得早，中午喂得好，晚上喂得饱”。家兔的饮水量一般为饲料干物质的 2 倍，如供水不足，则影响采食量，食物的消化、吸收、代谢及体温调节都会受到影响。供水量应根据兔子的年龄、季节及生理状况而定。高温季节，饮水量大，供水应不间断；幼兔发育旺盛，饮水量高于成年兔；妊娠时需水量增加；母兔产后易渴，应及时供水，否则易吃仔兔；冬季和空怀母兔需水量小。

（7）添加夜草。家兔有夜间采食的习惯。夜间采食量占全天采食量的一半以上。所以夜间或晚间要多给饲料，最好夜间再添一次粒料或干草，特别是育肥兔，更要添夜草。

（8）做好防暑、防寒、防潮工作。兔子怕热，超过 25 ℃时，食欲下降，影响繁殖，所以夏季注意防暑。冬季防寒，特别要防止贼风吹袭。雨季防潮，防止发病。

（9）定期消毒，保持兔舍干燥、卫生。在夏季，兔笼、食槽、水槽每周消毒 1 次。梅雨季节可在舍内地面撒石灰，以吸收湿气。冬季消毒间隔时间可适当延长。封闭式兔舍，日常管理过程要严格控制地面用水，注意通风换气。

（10）保持安静，防止骚动，加强运动。兔子胆小怕惊。如有骚动，则惊慌失措，乱窜不安，尤其对分娩和哺乳母兔影响更大。所以在饲养管理上要轻手轻脚，防止猫狗鼠等侵害。笼养兔要注意加强运动，每周到 1～2 次，以增加体质。

（11）分群管理。按品种、生产目的、年龄、性别和个体体况强弱合理分群，针对性管理。

第六节　种兔的饲养管理技术

33. 种公兔的饲养管理要点有哪些?

俗话说得好“母兔好，好一窝；公兔好，好一坡”。所以，种公兔的饲养管理尤其重要。应注意以下几个方面：

（1）加强选种：种公兔的产肉、产毛及繁殖性能是可以遗传的，所以，要不断选择生产性能好的作为种用。一只好种公兔要求品种纯，发育好，体质结实，性欲旺盛，不能过肥或过瘦。好的种公兔利用3年后，开始淘汰。

（2）适时配种：肉兔一般7月龄左右（体重3千克以上）试配，8月龄正式配种。一般1天配2次，配2天休息1天。长期不配种的，应定期配种。

（3）合理饲养：公兔不能养得过肥，过肥的公兔繁殖力低。因此要掌握好饲料中各成分的比例。蛋白质含量应稍高一些，饲料蛋白应在12%～14%，碳水化合物类饲料少些，每天供给优质青料0.5千克以上。从配种季节前3周开始，每天添喂鲜鸡蛋1/4和2粒鱼肝油丸。在配种旺季，加喂些动物性饲料如鱼粉、蚕蛹粉等。此外，还要注意磷、钙的供应，精料中配2%～3%的骨粉和贝壳粉，0.5%～1%食盐，才能保证营养全面，食欲旺盛。

（4）加强管理：①公、母兔要分开，防止早配滥配。②加强运动，防止过肥。③要一兔一笼分开饲养，防止互相咬斗。④远离母兔，避免异性刺激，影响性欲。⑤配种次数要适宜，可1天2次，2天休息1天。⑥配种时将母兔放入公兔笼内，不应将公兔放入母兔笼内，避免环境不适而降低公兔性欲。⑦公兔换毛时不宜配种。

34. 种母兔的饲养管理要点有哪些?

母兔是兔群的基础。它在空怀、怀孕、哺乳三个阶段中的生理状况有着明显的差异，所以在饲养管理上要根据其特点来采取相应的措施。

（1）空怀母兔：母兔的空怀期，是指仔兔断奶后至下次怀孕前，一般空怀期为 10～15 天。这个时期主要是调整膘情，使母兔正常发育，提高受胎率。在管理上要合理配制饲料，保持母兔的适当肥度。对过肥的母兔，要减少精料，加强运动；对瘦的母兔要增加精料的喂量，使其恢复正常体况。对长期不发情的母兔，可采用异性诱导法或利用激素催情。异性诱导法是每天将母兔放进公兔笼中一次，通过公兔的追逐爬跨刺激，促进母兔脑下垂体产生促卵泡激素而引起发情，一般通过 2～3 次公兔的爬跨刺激，就可达到发情目的。

（2）怀孕母兔：母兔自交配怀孕后到分娩这一段时期称为怀孕期或叫妊娠期。怀孕母兔以优质青料为主。怀孕 15 天后，要适当多喂些鲜嫩青草、蛋白质和矿物质，不能喂过多的精料，尤其产前 7 天必须大量减少精料的喂量，以免造成母兔死亡、便秘或乳房炎。

母兔的怀孕期很短，平均 31 天。怀孕后 15～20 天内很易流产，所以在管理上要多加注意。临产前 3～4 天，要清洗消毒好产箱、笼板、食盘、用具等，将晒过并敲软的稻草铺在产箱内，再将待产母兔集中到产房，让母兔熟悉环境。如怀孕母兔食量大减，粪便稀烂不成粒状，用嘴扯下胸腹部的毛放在产箱内，就是母兔分娩的预兆，应做好接产准备。

母兔分娩时间很短，一般 20 分钟到 1 小时就可结束。初产母兔需人工看护，以防母兔难产或压死、咬死仔兔。母兔产后要及时喂给干净的水和鲜嫩的青饲料（或温米汤加少量盐），否则会由于舔干唾液致口渴而误食仔兔。母兔产完仔跳出箱时，要小心地将产箱取出笼外，清点仔兔，将污湿的草、毛及死胎一齐取出，换上干净的稻草，在草上铺上一层兔毛或旧棉絮，并将仔兔放回箱内，盖上一层兔毛。如发现母兔未拉毛时，要将母兔的乳头周围的毛拔光。这样，可以刺激乳房从速泌乳，又便于仔兔吮乳。

（3）哺乳母兔：母兔从分娩产仔到仔兔断奶这一段时期称为哺乳期。哺乳母兔为了维持生命活动和分泌奶汁，每天都要消耗大量的营养物质。因此，哺乳母兔必须增加饲料量，并喂给含蛋白质、维生素和矿物质的饲料，如豆饼、麦麸、豆渣、食盐、骨粉和青绿饲料。

母兔分娩后，大多会给仔兔喂奶。对少数不会喂奶的母兔需人工强迫喂奶。做法是：将产箱取出，按时把母兔捉出笼外伏在巢箱内，仔兔就会寻找奶头吸乳，一天两次，一般经3～5天训练，母兔就会自动去喂奶，如果是母兔缺奶，可进行人工催乳。在饲料中适当加喂精料。

第七节　仔兔的饲养管理技术

35. 仔兔的生理特点有哪些?

仔兔出生后，在呼吸、免疫和体温三大方面都发生了骤变。呼吸从体内靠母体血液气体交换转变为自己呼吸；免疫在体内处于无菌环境到体外受多种微生物的侵害；体温从产前在体内处于恒温转到体外受外界温度变化的影响。仔兔的生理特点如下：

（1）仔兔没有体温调节的能力：仔兔初生时没有毛，不能调节体温，只能靠外界环境来保温。最适宜的温度为30～32℃。仔兔的体温降到18℃时，就会死亡。

（2）视觉和听觉发育不完善：仔兔初生时闭眼，耳孔封闭。整日吃奶睡觉。生后8天耳孔张开，12天睁眼。

（3）仔兔生长发育快：仔兔初生就会吃奶，最初几天1天2次，以后每天1次。初生后生长迅速，生后1周体重为初生重的1倍，10天增加2倍。

36. 仔兔的饲养管理要点有哪些?

仔兔分为睡眠期（生后12天前）和开眼期（13天至断奶）。这是两个关键时期，必须要抓住八个环节，即掌握八个要素。

（1）早吃初乳：仔兔出生后第一次吃母奶称为吃初乳。初乳中营养丰富，含有多种抗体，能促进仔兔生长发育和增强抵抗力。吃初乳时间最好在生后5小时内。

（2）做好寄养和人工哺乳：将仔兔让非生母喂养叫寄养。在实际中，有时出现某些母兔产仔多，有些产仔少，产仔多的母兔乳汁不够吃，仔兔营养缺乏；产仔少的母兔，乳汁过量，仔兔吃奶过量，发生消化不良、腹泻或母兔发生乳房炎。在这种情况下就需要寄养。再如，为缩短繁殖周期，可将几窝少的仔兔让一只母兔喂养，这对生产有很大好处。方法是：按仔兔的大小分开，然后将仔兔涂上少许寄养母兔的尿液，因为兔子嗅觉敏感，一旦发觉不是自己的仔兔，将不喂奶，甚至咬死仔兔。

对于吃不饱的仔兔可采取人工哺乳。办法：人工哺乳的工具可用注射器或眼药水瓶，嘴上接一小段橡皮管。喂的温度应热至滴到手背上感到舒服为度（37～38 ℃）。喂的速度要慢。具体做法是：初生 5 天内，用 200 毫升鲜牛奶、3 毫升鱼肝油、2 克盐、1 枚鲜蛋调匀喂服；5 天后，用牛奶或羊奶、豆浆等喂服；10 天左右，用 50 毫升炼乳冲开水 50 毫升、一汤匙玉米糖浆、一只蛋黄混合后喂给。

（3）辅助哺乳：有些母兔母性不强，特别是初产母兔，产仔后不喂奶，致使仔兔挨饿。这时就要强制哺乳。方法是：将母兔固定在巢箱内，使其安静，将仔兔分别放在母兔的乳头旁，让仔兔自由吮乳，每日 2～3 次，连续 3～4 天，母兔就习惯了。

（4）尽早补料：一般仔兔 17 天开始进行补料，此时仔兔生长快，单靠母乳获取营养已满足不了生长发育。补料开始时应给少量营养高、易消化的饲料，如豆浆牛奶米汤和鲜嫩饲草，逐渐锻炼仔兔胃肠道消化能力。

仔兔的胃容积小、消化能力差而又生长快，根据这一特点应少喂勤添。仔兔采食后粪便增多，并开始有吃软便的现象，此时容易误食母兔粪便，易感染球虫病，所以应及时清扫粪便，保持清洁卫生。

仔兔补料后，应母仔分开，每天定时给仔兔喂一次奶，这样有利于仔兔的发育。

（5）及时断奶：断奶一般在 30～40 天。仔兔断奶后除了营养来源改变外，还失去了母兔的抚育。往往产生应激并发症，出现体重减轻的现象，所以断奶时最好把母兔移走，将仔兔留在原笼，尽量减少环境刺激，过1～2周后再分群。

（6）防止吊乳：母乳不足或受惊吓，仔兔咬住乳头不放而被带出产仔巢叫吊乳。被吊出的仔兔常被冻死或饿死，所以要常查看，发现后及时送回。

（7）防寒：冬季和初春、秋末仔兔要防寒保温，同时做好通风和补充光照工作。

（8）消毒：经常给母兔乳房消毒，防止因吃感染葡萄球菌的奶汁而发生黄尿病；防止仔兔因吃了污染饲料而发生球虫病。

37. 引起仔兔死亡的原因有哪些？

发生仔兔死亡的原因很多，主要有以下三种：

（1）饿死：仔兔在产后10小时内吃不上奶就有饿死的危险，再有产仔多，弱小仔兔吃不上奶，时间长了造成瘦小死亡。

（2）冻死：一是因产仔巢温度不够而冻死，二是因吊乳而冻死。

（3）病死：仔兔易发生黄尿病，此病死亡率极高，病因是仔兔吃了母兔感染了的奶汁，所以要防止母兔乳房感染；其次是下痢病，病因是饮水过多或奶汁感染，所以在补料时不应喂多汁饲料；再有球虫病，病因是误食粪便，饲料、笼、用具被污染，所以要经常消毒，保持清洁卫生。

第八节　幼兔和青年兔的饲养管理技术

38. 幼兔和青年兔的生理特点有哪些？

仔兔断奶后3个月的小兔称为幼兔。幼兔刚刚离开母兔，环境和营养来源都发生了很大变化，这时期生长又迅速，对饲料要求高，抗病力差。

3～6个月的兔子称为青年兔。青年兔主要是骨骼、肌肉生长快，食量大，对蛋白质、矿物质、维生素需要多。

39. 幼兔和青年兔的饲养管理要点有哪些？

（1）饲料供给：断奶仔兔必须养在温暖、清洁、干爽的地方。

饲喂的饲料要清洁新鲜，富含营养。带泥的青草一定要洗净晾干后再喂。青饲料一天喂 3 次，精饲料一天喂 2 次，加喂矿物质饲料、少量鱼粉、豆饼等。喂时掌握早多午少晚吃足、随吃随喂不留剩食这一原则，饮水要充足，夏季喂凉水，冬季喂温水，加少量食盐。夏季饲料以青草为主，兼喂麦麸、玉米、高粱等精饲料。青饲料含水多，要在太阳下晒一晒，减少水分。这样可有效地控制幼兔的腹泻和膨胀病。另外，注意经常加喂一些大葱或洋葱叶、大蒜叶等。

（2）分群管理：幼兔应按日龄、体重、体质强弱分群。到 3 月龄就应公、母分开，因性成熟早的兔 3 月龄就开始发情，为防止早配、乱配，必须公、母分开饲养。符合留种的要单笼饲养，育肥兔要及时去势。

（3）加强运动，增强体质：一般 60 日龄开始放出运动。运动场要合理放置草架、食盆、水盆。对于种用兔更为重要。

（4）注意卫生，做好防病措施：场地、饮食用具每 3～5 天用高锰酸钾水消毒一次，保持清洁卫生，可避免球虫卵囊污染垫草和食具。按免疫程序严格执行。

40. 引起幼兔和青年兔死亡的原因有哪些?

（1）营养不良：幼兔和青年兔生长快，需要营养多，且消化能力差，易造成营养不良，瘦小而死亡。

（2）病死：有的兔在哺乳期就感染了球虫病，断奶后应激发病死亡，一般死亡率占 30％～50％。

（3）卫生差及预防措施不利，引发疾病死亡：饲料变质发霉，造成拉稀、胃肠炎；免疫接种不及时或不到位，造成传染病死亡。

（4）机械性死亡：管理不到位造成硬伤，因兔子好动，胆小易受惊，以及其他动物如猫、狗等伤害。

第九节　育肥兔的饲养管理技术

肉兔的育肥以在骨架生长发育完成后进行效果最好。育肥方法有幼兔育肥法和成年兔育肥法两种。

41. 什么叫幼兔育肥法？如何育肥？

幼兔育肥法：即仔兔断奶后马上催肥，经 1～1.5 个月，体重 2～2.5 千克出售。

具体做法是：把供肥育的仔兔集中在一起，围栏放牧，使幼兔有充分运动的机会，促进骨骼肌肉充分生长发育。到最后半个月至一个半月进行笼养以限制运动。育肥的饲料营养要求是：粗蛋白 20%、粗纤维 16%、粗脂肪 2.5%、矿物质 11%、水分 13%，日喂 100～200 克配合料。育肥开始以青料为主，精料为辅，以后逐渐增添精料，最后 1～2 周完全喂精料。如食欲下降，可以喂些青料。适宜育肥的饲料有：玉米、糙米、大麦、米糠、豆饼、花生饼、甘薯、马铃薯（后两种煮熟后喂较好）等。

42. 什么叫成年兔育肥法？如何育肥？

成年兔育肥，指对在繁殖、生产及发育过程中被淘汰的种兔、青年兔等进行育肥。肥育期一般为 15～35 天，肥育良好的，可增重 1～1.5 千克。肥育期还可适当添加些茴香、芹菜叶、蒲公英、车前草等。肥育 20 天后，如发现食量下降，表示肥育已成功，应及早上市或屠宰。

43. 公、母怎样去势？

公兔育肥要去势，以减少饲料消耗，提高产肉能力。去势方法是：选择 90～100 日龄的小公兔，由一人将兔仰放在台上，紧握后肢固定，一人摸着睾丸由腹腔挤入阴囊，用手拇、食、中三指固定睾丸，用碘酒消毒，右手握去势刀，开口约 1 厘米，这时左手用力将睾丸挤出，右手随即将睾丸轻轻拉出，将输精管韧带切断取出睾丸，然后将另一只睾丸以同样的方法从切口取出，术后涂以碘酒，5～7 天即可痊愈。

第十节　家兔的繁殖技术

44. 家兔选种的目的是什么？

兔的选种，即选择品质优良的符合种用要求的个体留作种用，把不符合种用要求的个体淘汰或改作商品生产用。家兔选种的目的在于提高兔群品质和生产性能，并使种兔的优良性能稳定地遗传给后代。

搞好家兔的选种，是科学养兔的重要组成部分，是提高家兔生产水平的关键技术之一。如果能够选出优秀的个体留作种用，兔群的品质就会提高，越选越好，在相同的饲养管理条件下和同样的时间内，获得的经济效益就高。长期坚持选种不仅能起到保持良种的作用，还可以选育出新的良种。相反，如果不选种，有缺陷的、生产性能低下的个体也留作种用，兔群的品质只会越来越低劣，获得的经济效益就差。因此，养兔必须坚持严格选种。

45. 家兔选种的方法有哪些，如何进行？

家兔的选种方法和其他家畜基本一样，要防止片面选择，不可把着眼点只放在个体的体质、外貌和生产力上，还要重视家系和后裔鉴定，考察其传种接代的实际效果。目前生产中较为常用的主要有个体选择和家系选择两种。

（1）个体选择：根据个体本身表型值的高低选留种兔称为个体选择，这种方法简便易行。在一般情况下，当性状遗传力较高、个体本身有这种性能表现时，个体选择效果较好。对于限性性状（如公兔不产仔）和活体上不能度量的性状（如肉兔的屠宰率），个体选择法不适用。

个体选择主要根据体形外貌和生产性能鉴定来进行，对于不同用途的家兔，应有不同的要求重点。肉兔主要选择体形外貌符合品种特征和肉用体形、生长快、育肥时间短、产肉性能好、耗料少、成活率高、繁殖力强的个体留作种用。

种公兔要求种性纯：必须健康无病，生长发育良好，体质健壮，性情活泼，睾丸发育良好，性欲强（可用母兔试情）。生长受阻、单睾、隐睾，或行动迟钝、性欲不强者不能留作种用。种母兔要求奶头数在 8 个以上，发育匀称、饱满。

种母兔选择重点考查其繁殖性能和母性。如果连续 7 次拒绝或连续空怀 2～3 次，连续 4 胎产活仔数均低于 4 只的母兔应淘汰，泌乳力不高、母性不好，甚至有食仔癖的母兔不能留作种用。应选受胎率高、产仔多、泌乳力高、仔兔成活率高、母性好的母兔作种用。

还要进行体形外貌鉴定（品种特征、体躯、四肢、被毛等）和生产性能鉴定（体重、体尺、断奶成活率、幼兔成活率、商品兔成活率、繁殖率、受胎率、产肉性能、生长速度、饲料转化率、屠宰率等）。

（2）家系选择：根据家系均值的高低决定留种或淘汰的选择方法称为家系选择。家系选择适用于一些遗传力较低的性状，如繁殖力、泌乳力和成活率等。因为遗传力低的性状，其表现值的好坏，受环境因素的影响较大，如果只根据个体选择准确性较差，采用家系选择法能比较正确地反映家系的基因型，选择效果较好。

家系选择的主要形式有系谱选择，同胞、半同胞测验和后裔鉴定等。

① 系谱选择：系谱是种兔的家谱，有横式系谱、竖式系谱和结构式系谱三种形式。系谱中有祖先的编号及其主要性能。系谱选择就是根据系谱记载资料（如生长发育、生产性能等）进行分析评定、选择的一种方法。按遗传规律，对子代品质影响最大的是亲代（父母代），其次是祖代、曾祖代，离当代愈远的祖先，其遗传影响越小。一般应用系谱选择时，重点考虑 2～3 代以内的祖先。

② 同胞、半同胞测验：同胞、半同胞主要是指同父同母的全同胞家系和同父异母或同母异父的半同胞家系。采用同胞、半同胞测验进行家系选择所需的时间短、效果好。兔的利用年限较短，采用同胞、半同胞测验的选择方法，在较短时间内就可得出结果，优良的种兔就可留种繁殖，能缩短世代间隔，加快育种进程。进行同胞、半同胞测验时，遗传力越低的性状，同胞、半同胞数越多，测定效果就越好。

③ 后裔鉴定：这是通过对后代性能的评定来判断种兔遗传性能的一种选择方法。一般多用于公兔。具体做法：选择一批外形、年龄、胎次、生产性能基本一致的母兔，在相同的饲养管理条件

下，用不同的公兔配种，根据其产仔数、后代的生长发育、饲料转化率、毛皮品质等性能进行综合评定，以判断公兔的种用价值高低，决定是否留作种用。

46. 家兔选配的作用和原则是什么?

选配的作用，就是按照生产目标，采用科学的方法，指定公、母兔的交配，就是有意识地组合后代兔的遗传基础，以达到培育和利用良种兔的目的。有了优良的种兔，不一定能产生优良的后代，因为后代的优劣不仅取决于种兔的遗传特性，还取决于公、母兔双方的生理状况和它们之间的亲和力，也就是说，取决于公、母兔配对组合是否合适。因此，在进行家兔选种的同时，还要搞好选配，选种是选配的基础，选配则是选种的继续，是提高兔群品质和发挥良种效应的重要技术措施。

选配原则是，根据制订的目标，综合考虑种兔的品质、血缘和年龄关系，进行选配。一般生产中尽量避免近交。种公兔的品质优于母兔，以利充分发挥优良公兔的作用。及时对交配结果进行总结，选择亲和力好的公、母兔配种。

47. 家兔的选配方法有哪些，如何进行?

家兔的选配方法主要有同质选配、异质选配、年龄选配和亲缘选配。

（1）同质选配：同质选配就是将性状相同或性能表现一致的优秀公、母兔进行交配，以期把这些性状在后代中得以保持和巩固，使优秀个体数量不断增加，群体品质得到进一步提高。例如，为了提高体重和生长速度，就应选择生长速度快、体重大的公、母兔进行配种，使所选性状的遗传性能进一步稳定下来。在进行同质选配时，必须注意不能选择具有同样缺点的公、母兔进行配种，尤其是体质外形上的缺点，只能要求结构匀称、体质结实的公、母兔配种，否则会带来不良后果。

（2）异质选配：异质选配就是具有不同优良性状或具有同一性状但优劣程度不一致的公、母兔交配，以期获得兼备双亲不同优点的后代或以优改劣，提高后代的生产性能。例如，用生长发育快的公兔配产仔数高的母兔，或用体形大的公兔配体形中等的母兔，以期获得生长快、产仔数高的后代或体形较大的后代。

（3）年龄选配：根据交配双方兔子的年龄进行的选配称为年龄选配。种兔随着年龄的变化，生活力和生产性能都不一样，壮年时的生活力最强，生产性能最高，实践证明，壮年公、母兔交配所生的后代，生活力和生产性能表现最好。在生产实践中，应尽量避免老年兔配老年兔，青年兔配青年兔和老年兔与青年兔间相互交配。应该壮年兔间相互交配，或用壮年公兔配老年母兔和青年母兔，青老年公兔与壮年母兔相配，年龄过大的兔或未到初配年龄的兔应严禁配种繁殖。

（4）亲缘选配：相互有亲缘关系的种兔之间的选配称为亲缘选配，如交配双方无亲缘关系，则称非亲缘选配。相互有亲缘关系的个体之间必定有共同祖先，共同祖先越近的亲交后代之间的亲缘关系也越近。一般把交配双方到共同祖先的世代数在6代以内的种兔交配，称为近亲交配，简称近交。近交只限于品种或品系培育时使用，一般生产场和专业户应尽可能避免（尤其是全同胞、亲子之间或半同胞交配），以防近交衰退。

48. 家兔繁育方法有哪些，如何进行？

家兔的繁育方法，根据育种目的的不同，大致可分为纯种繁育和杂交两种。

（1）纯种繁育：纯种繁育简称纯繁，就是指同一品种或品系内的公、母兔进行配种繁殖和选育的方法。包括本品种选育和品系繁育，其目的在于保留和提高与亲本相似的优良性状，并稳定地遗传给后代。纯繁广泛用于优良品种和品系的繁育，如引进良种的驯化和繁育。

（2）杂交：不同品种或品系（不同种群）之间的个体选配，称为杂交。杂交所生后代称为杂种。在多数情况下，杂交可以产生杂种优势，即后代的生活力和生产性能等不同程度地优于双亲。杂交也可以育成新品种（育成杂交）。目前，在生产中常用的杂交方式有以下几种：

① 育成杂交：育成杂交主要用于新品种（或新品系）的培育，大多数品种都是用这种方法育成的。育成杂交一般包括杂交、固定、提高三个阶段。第一阶段，通过杂交，将各品种的优点结合在杂交后代中；第二阶段，选择杂交后代中的优秀个体进行自群繁育，使理想类型得以固定；第三阶段，增加数量，扩大分布范围，建立品种的整体结构，开展品系繁育。

② 经济杂交：为了提高商品兔的生产性能和经济效益，常常利用不同品种间的杂交，以生产出具有杂种优势的后代。在开展经济杂交时须注意：不是所有杂交都能产生杂种优势，因此，应进行杂交组合试验（配合力测定），选择最适合当地环境条件及饲养管理水平的杂交父本和母本。

③ 导入杂交：又称引入杂交。当一个品种仅具有某些缺点时，就可采用能弥补这些缺陷的另一品种或品系进行导入杂交，以克服某一明显缺点，使原品种更趋完善。一般引入外血不超过 1/8～1/4，在回交一代后就可自群繁育，横交固定。引入外血过多，则不利于保持原品种的优良特性。

④ 级进杂交：参加杂交的两个品种可分为改良品种与被改良品种，目的是改良与提高被改良品种不足之特性，用改良品种连续与被改良品种进行杂交，经过一定代数，获得理想型的优秀个体之后，进行自群繁育。

49. 家兔的生殖生理有哪些特点？

（1）性成熟和初配年龄：兔长到一定年龄，性器官发育成熟，公兔睾丸能产生成熟的精子，母兔卵巢能产生成熟的卵子，并表现出有发情等性行为，交配能受孕，称为兔子的性成熟。达到性成熟的年龄因品种、性别、个体、营养水平、遗传因素等不同而有差异。一般小型兔 3～4 月龄、中型兔 4～5 月龄、大型兔 5～6 月龄达到性成熟。

家兔达到性成熟，不宜立即配种，因为此时兔体各部位器官仍处于发育阶段。如过早配种繁殖，不仅影响自身的发育，造成早衰，而且受胎率低，所产仔兔弱小，死亡率高。当然，初配时间也不宜过迟，过迟配种会减少种兔的终身产仔数，影响效益。家兔的初配年龄应晚于性成熟。在较好的饲养管理条件下，适宜的初配年龄为：小型品种 4～5 月龄，中型品种 5～6 月龄，大型品种 7～8 月龄。在生产中也可以根据体重来确定初配时间，即达到该品种成年体重的 80%左右时初配。

（2）发情和发情周期：母兔性成熟后，由于卵巢内成熟的卵泡产生的雌激素作用于大脑的性活动中枢，引起母兔生殖道一系列生理变化，出现周期性的性活动（兴奋）表现，称为发情。

母兔发情主要表现为：兴奋不安，在笼内来回跑动，不时用后脚拍打笼底板，发出声响。有的母兔食欲下降，常在料槽或其他用具上摩擦下颌，俗称"闹圈"。性欲旺盛的母兔主动向公兔调情爬跨，甚至爬跨其他母兔。发情母兔外阴部还会出现红肿现象，颜色由粉红到大红再变成紫红色。但也有部分母兔（外来品种居多）的外阴部并无红肿现象，仅出现水肿、腺体分泌物等含水湿润现象。当公兔爬跨时，发情母兔先逃避几步，随即便伏卧、抬尾迎合公兔的交配。

兔子具有刺激性排卵的特点，其发情周期不像其他家畜有准确的周期性，变化范围较大，一般为 7～15 天，发情期一般为 3～5 天。最适宜的配种时间为外阴部大红时，正如谚语所说："粉红早、紫红迟、大红正当时。"如果母兔没有明显的红肿现象，则在阴部含水量多、特别湿润时配种适宜。

（3）妊娠和妊娠期：公、母兔交配后，在母兔生殖器官中，受精卵逐渐形成胎儿及胎儿发育至产出前所经历的一系列复杂生理过程就叫妊娠，完成这一发育过程的整个时期就叫妊娠期。家兔的妊娠期一般为 30～31 天，变动范围为 28～34 天。妊娠期的长短因品种、年龄、胎儿数量、营养水平和环境等不同而有所差异。大型品种比小型品种怀孕期长，老龄兔比青年兔怀孕期长，胎儿数量少的比数量多的怀孕期长，营养状况好的比差的母兔怀孕期长。临产母兔，尤其是母性强的母兔，产前食欲减退甚至拒食，乳房肿胀并可挤出乳汁。外阴部肿胀冲血，黏膜潮红湿润，在产前数小时甚至 1～2 天开始衔草拉毛做窝。但少数初产母兔或母性不强的个体，产前征兆不明显。

（4）分娩：胎儿发育成熟，由母体内排出体外的生理过程称为分娩。母兔分娩一般只需20～30分钟，少数需1小时以上。母兔分娩一般不需人工照料，当胎儿产出后，母兔会吃掉胎衣，拉断脐带，舔干仔兔身上的血污和黏液。分娩完成后，由于体力消耗较大，容易感到口渴，应及时供给清洁的饮水，以防母兔食仔。

（5）繁殖利用年限：兔的繁殖能力过了壮年期之后随着年龄的增长而下降。因此，种兔均有一个适宜的利用年限，一般是2～3年，视饲养管理的好坏和种兔体质状况可适当延长或缩短。

50. 家兔的配种方法有哪些，如何进行?

家兔的配种方法主要有三种，即自然配种、人工辅助配种和人工授精。

（1）自然配种：公、母兔混养在一起，任其自由交配，称为自然配种。自然配种的优点是配种及时，方法简便，节省人力。但容易发生早配、早孕，公兔追逐母兔次数多，体力消耗过大，配种次数过多，容易造成早衰，而且容易发生近交，无法进行选种选配，容易传播疾病等。在实际生产中，不宜采用此法配种。

（2）人工辅助配种：人工辅助配种就是将公、母兔分群、分笼饲养，在母兔发情时，将母兔捉入公兔笼内配种。与自然配种相比，优点是能有计划地进行选种选配，避免近交和乱交，能合理安排公兔的配种次数，延长种兔的使用年限，能有效防止疾病传播。在目前生产中，宜采用这种方法配种。

具体操作步骤如下：将经检查、适宜配种的母兔捉入公兔笼内。公兔即爬跨母兔，若母兔正处于发情盛期，则略逃几步，随即伏卧，任公兔爬跨，并抬尾迎合公兔的交配。当公兔阴茎插入母兔阴道射精时，公兔后躯蜷缩，紧贴于母兔后躯上，并发出“咕咕”叫声，随即由母兔身上滑倒，顿足，并无意再爬跨，表示交配完成。此时可把母兔捉出，将其臀部提高，在后躯部用手轻轻拍击，以防精液倒流。然后将母兔捉回原笼，做好配种记录工作。

如果母兔发情不接受交配、但又应该配种时，可以采取强制辅助配种；即配种员用一手抓住母兔耳朵和颈皮固定母兔，另一只手伸向母兔腹下，举起臀部，以食指和中指固定尾巴，露出阴门，让公兔爬跨交配。或者用一细绳拴住母兔尾巴，沿背颈线拉向头的前方，一手抓住细绳和兔的颈皮，另一只手从母兔腹下稍稍托起臀部固定，帮助抬尾迎接公兔交配。

（3）人工授精：家兔人工授精，就是不用公兔直接交配，而是人工采取公兔的精液，经品质检查、稀释后，再输入到母兔生殖道内，使其受胎。其优点在于能充分利用优良种公兔，提高兔群质量，迅速推广良种，还可减少种公兔的饲养量，降低饲养成本，减少疾病传播，克服某些繁殖障碍，如公、母兔体形差异过大等，便于集约化生产管理。但需要有熟练的操作技术和必要的设备等。在采用人工授精时应注意以下几点：

① 精液品质：要想获得理想的配种效果，必须有品质良好的精液，只有经品质评定良好的精液才可用于输精。

② 严格消毒：在人工授精过程中使用的所有器具，都必须清洗干净，严格消毒。如果消毒不严，不仅影响精液品质，影响受胎率，还可导致母兔生殖道疾病。

③ 刺激母兔排卵：兔为刺激性排卵动物，发情后不经交配或药物刺激是不会排卵的，因此，在输精前必须刺激母兔排卵。可用不育公兔或注射绒毛膜促性腺素（HCG）、黄体素（LH）等刺激排卵。对未发情的母兔可用孕马血清促性腺素、雌二醇等诱导发情，然后再刺激排卵。

④ 输精部位准确：母兔膀胱在阴道内约5～6厘米处的腹面开口，大小与阴道腔孔径相当，而且在阴道下面与阴道平行，在输精时，易将精液输入膀胱，过深又易将精液输入一侧子宫，造成另一侧空怀。因此，在输精时，须将输精器朝向阴道壁的背面插入约6～7厘米深处，越过尿道口，将精液注入两子宫颈口附近，使精子自子宫颈进入两子宫内。

51. 如何进行家兔妊娠诊断？

母兔配种后，判断其是否妊娠的技术就是妊娠诊断。妊娠诊断的方法有复配检查法、称重检查法和摸胎检查法三种。

（1）复配检查法：在母兔配种后7天左右，将母兔送入公兔笼中复配，如母兔拒绝交配，表示可能已怀孕；相反，若接受交配，则可认为未孕，此法准确性不高。

（2）称重检查法：母兔配种前先行称重，隔10天左右复称一次，如果体重比配种前明显增加，表明已经受孕，如果体重相差不大，则视为未孕。

（3）摸胎检查法：在母兔配种后10天左右，用手触摸母兔腹部，判断是否受孕，称为摸胎检查法，在生产实际中多用此法诊断。具体做法为：将母兔捉放于桌面或平地，一只手抓住母兔的耳朵和颈皮，使兔头朝向摸胎者，另一只手拇指与其余四指呈八字形，掌心向上，伸向腹部，由前向后轻轻沿腹壁摸索。若感腹部松软如棉花状，则未受孕。若摸到有像花生米样大小的球形物滑来滑去，并有弹性感，则是胎儿。但要注意胚胎与粪球的区别，粪球质硬、无弹性、粗糙。摸胎检查法操作简便，准确性较高，但要注意动作轻，检查时不要将母兔提离地面悬空，更不要用手指去捏数胚胎数，以免造成流产。

52. 提高家兔繁殖力的措施有哪些？

影响兔繁殖力的主要因素有品种、年龄、个体、营养、配种制度和管理、气温、光照、生殖器官疾病等。为了提高繁殖力，一般可采取以下措施：

（1）注意选种和合理配种：严格按选种要求选择符合种用的公、母兔，要防止近交，公、母兔保持适当的比例。一般商品兔场和农户，公、母比例为1∶8～10，种兔场纯繁以1∶5～6适宜。在配种时要注意公兔的配种强度，合理安排公兔的配种次数。

（2）加强配种公、母兔的营养：从配种前2周起到配种期结束，公、母兔都应加强营养，尤其是蛋白质和维生素的供给要充足。

（3）适时配种：包括安排适时配种季节和配种时间。虽然兔可以四季繁殖产仔，但盛夏气候炎热，多有“夏季不孕”现象发生，即公兔性欲降低，精液品质下降，母兔多数不愿接受交配，即使配上，产弱仔、死胎也较多。繁殖一般不宜在盛夏季，春秋两季是繁殖的好季节，冬季仍可取得较好的效果，但须注意防寒保温。适时配种，除安排好季节外，母兔发情期内还要选择最佳配种时期，即发情中期，阴部大红或者含水量多、特别湿润时配种。

（4）人工催情：在实际生产中遇到有些母兔长期不发情，拒绝交配而影响繁殖，除加强饲养管理外，还可采用激素、性诱等人工催情方法。激素催情可用雌二醇、孕马血清促性腺激素等诱导发情，促排卵素 3 号对促使母兔发情、排卵也有较好效果。性诱催情，对长期不发情或拒绝配种的母兔，可将母兔放入公兔笼内，让其追逐、爬跨后捉回母兔，经 2～3 次后就能诱发母兔分泌性激素，促使其发情、排卵。

（5）重复配种和双重配种：重复配种是指第一次配种后，再用同一只公兔重配。重复配种可增加受精机会，提高受胎率和防止假孕，尤其是长时间未配过种的公兔，必须实行重复配种，因为这类公兔第一次射出的精液中死精子较多。双重配种是指第一次配种后再用另一只公兔交配，双重配种只适宜于商品兔生产，不宜用于种兔生产，以防弄混血缘。双重配种可避免因公兔原因而引起的不孕，可明显提高受胎率和产仔数。在实施中须注意，要等第一只公兔气味消失后再与另一只公兔交配，否则，因母兔身上有其他公兔的气味而可能引起斗殴，不但不能顺利配种，还可能咬伤母兔。

（6）配种后及时进行妊娠检查，以减少空怀。

（7）正确采取频密繁殖法：频密繁殖又称“配血窝”或“血配”，即母兔在产仔当天或第二天就配种，泌乳与怀孕同时进行。采用此法，繁殖速度快，但由于哺乳和怀孕同时进行，易使母兔体况受损，种兔利用年限缩短，自然淘汰率高，需要良好的饲养管理和营养水平。因此，采用频密繁殖生产商品兔，一定要用优质的饲料满足母兔和仔兔的营养需要，加强饲养管理，对母兔定期称重，一旦发现体重明显减轻时，就停止血配。在生产中，应根据母兔体况、饲养条件，将频密繁殖、半频密繁殖（产后 7～14 天配种）和延期繁殖（断奶后再配种）三种方法交替采用。

（8）创造良好的环境，保持适当的光照强度和光照时间：做好保胎接产工作，怀孕期间不喂霉烂变质、冰冻和打过农药的饲料，防止惊扰，不让母兔受到惊吓，以免引起流产。

53. 影响家兔繁殖力的主要因素有哪些？

（1）环境因素：一切作用于家兔机体的外界因素，统称为环境因素，如温度、湿度、气流、太阳辐射、噪声、有害气体、致病微生物等。环境温度对家兔的繁殖性能有较为明显的影响。如气温超过 30 ℃，即引起家兔食欲下降，性欲减低。如果持续高温，可使公兔睾丸产生精子减少，甚至不产生精子。高温可影响公兔性欲，高温过后能很快恢复，但精液品质的恢复则需要 2 个月左右的时间。因为精子的产生到成熟排出需要一个半月时间。这就是家兔立秋后天气虽然凉爽、母兔虽然发情、则不易受胎的主要原因。

所以，立秋后必须对种兔进行半个月的营养补饲。低温寒冷对家兔繁殖也有一定影响。由于家兔要自身产热御寒，消耗较多的营养，低于 5 ℃就会使家兔性欲减退，影响繁殖。致病微生物往往伴随着温度和湿度对家兔的繁殖产生影响。因为家兔喜干厌湿、喜净厌污，潮湿污秽的环境，往往导致病原微生物的孳生，引起肠道病、球虫病、疥癣病的发生，影响家兔健康，从而影响家兔的繁殖。强烈的噪声、突然的声响能引起家兔死胎或流产，甚至由于惊吓使母兔吞食、咬死仔兔或造成不孕。严寒的冬季贼风的袭击易使家兔感冒和肺炎，炎热的夏天太阳辐射易使家兔中暑，这些都是影响家兔繁殖的不良因素。

（2）营养因素：实践证明，高营养水平往往引起家兔过肥，过肥的母兔卵巢结缔组织沉积了大量脂肪，影响卵细胞的发育，排卵率降低，造成不孕。营养水平过低或营养不全面，对家兔的繁殖力也有影响。因为家兔的繁殖性能很大程度上受脑垂体机能的影响，营养不全面直接影响公兔精液品质和母兔脑垂体的机能，分泌激素能力减弱，使卵细胞不能正常发育，造成母兔长期空怀不孕。

（3）生理缺陷：如母兔产后子宫内留有死胎及阴道狭窄，公兔的隐睾和单睾等。因为隐睾或单睾不能使公兔产生精子，或者产生精子的能力较差，配种不能使母兔受胎或受胎率不高。患有子宫炎、子宫留有死胎、阴道狭窄，都是影响母兔繁殖的因素。

（4）使用不当：母兔长期空怀或初配年龄过迟，往往产生卵巢机能减退，妊娠困难。公兔休闲期可能出现短暂的不育现象。公兔长期不配种或过夏后的公兔，都是影响繁殖的因素。

（5）种兔年龄老化：实践证明，种兔的年龄明显影响其繁殖性能。1～2 岁的公、母兔随着年龄的增长，繁殖性能提高，2 岁以后，繁殖性能逐渐下降，3 年后一般失去繁殖能力，不宜再作种用。

第二章 家兔疾病防治技术

第一节 家兔疾病的预防

54. 常用消毒药有哪些?

(1) 氢氧化钠 (火碱、苛性钠): 是常用的消毒药之一。可配成1%~3%浓度溶液喷洒消毒。用热水配制或在溶液中加入5%~10%的食盐, 可提高消毒效果。

(2) 草木灰: 其中有效成分是氢氧化钠和碳酸钠。配成20%~30%的溶液, 其消毒效果与氢氧化钠相似。农村取材方便, 用此消毒剂, 还可节省开支。

(3) 碳酸钠 (食用碱): 用热水配成4%的溶液洗刷或浸泡饲槽和饮水用具, 亦可消毒兔舍。

(4) 漂白粉 (氯化石灰): 一种被广泛应用的消毒药, 常配成1%~5%的溶液。

(5) 过氧乙酸 (过醋酸): 一种强氧化剂, 用0.5%~5%的过氧乙酸溶液消毒, 对细菌、病毒、霉菌都有较好的作用。

(6) 甲醛溶液 (福尔马林): 常配成2%~4%的水溶液, 对工具、用具、兔笼、地面消毒。按每立方米空间用28毫升甲醛, 对兔舍熏蒸消毒, 效果甚佳。因对呼吸道有刺激, 所以不能带兔熏蒸, 熏蒸消毒完毕将气体放出后才能将兔放入笼舍。

(7) 次氯酸钠: 一种新型的广谱消毒药, 常配成0.3%~2%溶液进行兔舍消毒。

(8) 二氯异氢尿酸钠: 一种新型的广谱消毒药。商品名称有"强力消毒灵"、"灭菌净"、"抗毒威"。配成1%~4%的溶液对工具、用具、兔舍等进行消毒，对细菌和病毒均有显著的杀灭作用。

（9）苗毒敌（农乐）：一种复合酚的新型消毒药。0.5%～1%的溶液对细菌和病毒均有很高的杀灭效果。也可每立方米 2 克熏蒸消毒。

（10）百毒杀：是一种季胺盐类消毒药。对细菌和病毒都有较好的杀灭作用。3 000 倍稀释可对兔舍、兔笼、饮饲用具和工具进行消毒。

55. 家兔常用疫苗有哪些?

（1）兔瘟疫苗：用于预防兔瘟病。目前多为组织灭活苗，是一种均匀的混悬液。1 月龄以上的断奶兔皮下注射 1 毫升，7 天产生免疫力，免疫期为 6 个月。成年种兔每年需接种 2 次。该疫苗保存温度不能过高，也不能冷冻，否则失效，如疫苗出现明显分层，则不能再用。

（2）兔黏液瘤疫苗：用于预防兔黏液瘤病；是一种兔肾细胞弱毒疫苗。按瓶签说明，用生理盐水稀释，对断乳以后兔皮下或肌肉注射 1 毫升，注射后 4 天产生免疫力，免疫期为 1 年。

（3）兔巴氏杆菌灭活苗：用于预防兔巴氏杆菌病。对 1 月龄以上的断奶兔皮下注射 1 毫升，7 天产生免疫力，免疫期为 6 个月。种兔每年接种 2 次。

（4）兔支气管败血波氏杆菌灭活苗：用于预防兔支气管败血波氏杆菌病。对产前 2～3 周的孕兔和配种时的青年兔或成年兔及断奶前 1 周的仔兔，皮下或肌肉注射 1 毫升，7 天产生免疫力，免疫期为 6 个月。

（5）兔魏氏梭菌灭活苗：用于预防兔魏氏梭菌肠炎。对 1 月龄以上的兔，皮下注射 1 毫升，7 天产生免疫力，免疫期为 4～6 个月。种兔每年接种 2 次。

（6）兔伪结核灭活苗：用于预防兔伪结核耶新氏杆菌病。对断奶前 1 周的仔兔及青年兔、成年兔皮下或肌肉注射 1 毫升，7 天产生免疫力，免疫期为 6 个月。种兔每年接种 2 次。

（7）兔沙门氏杆菌灭活苗：用于预防兔沙门氏杆菌病。对断乳前1周的仔兔、怀孕初期的母兔，以及青年兔、成年兔一律皮下或肌肉注射1毫升。7天产生免疫力，免疫期为6个月，种兔每年接种2次。

（8）兔大肠杆菌灭活苗：用于预防兔大肠杆菌病。对20～30日龄的仔兔，肌肉注射1毫升，7天产生免疫力，免疫期为4个月。

（9）联苗：注射一次可预防两种及两种以上的疾病。如魏巴二联苗，同时预防魏氏梭菌病和巴氏杆菌病。巴瘟二联苗，同时预防巴氏杆菌病和兔瘟。魏瘟二联苗，同时预防魏氏梭菌病和兔瘟。

56. 免疫接种应注意哪些事项？

（1）生物药品的保存、使用应按说明书进行。

（2）接种时用具（注射器、针头）及注射部位应严格消毒。

（3）生物药品不能混合使用，更不能使用过期疫苗。

（4）装过生物药品的空瓶和当天未用完的生物药品，应该焚烧或深埋（至少埋46厘米）处理；焚烧前应撬开瓶塞，用高浓度漂白粉溶液进行冲洗。

（5）疫苗接种后2～3周要观察接种兔，如果接种部位出现局部肿胀、体温升高症状，一般可不作处理；如果反应持续时间过长，全身症状明显，应请兽医诊治。

（6）建立免疫接种档案，每接种一次疫苗，都应将其接种日期、疫苗种类、生物药品批号等详细登记。

57. 家兔常用药物有哪些？

（1）抗菌素：青霉素对兔葡萄球菌、李氏杆菌、兔螺旋体均有较好效果，其他抗生素还有红霉素、洁霉素、多黏菌素、泰乐菌素、新生霉素等。

（2）磺胺类药：这类药物是人工合成的化学药品，具有抗菌谱广、价格低的特点，可对巴氏杆菌、大肠杆菌、李氏杆菌病进行防治。常用的有磺胺嘧啶、磺胺二甲嘧啶、新诺明、磺胺间二甲氧嘧啶等。

三甲氧苄氨嘧啶和二甲氧苄氨嘧啶是抗菌增效剂。与磺胺和抗生素并用能够增加其疗效。一般采用增效剂 1 份，磺胺和抗生素 5 份配合应用。

（3）呋喃类药：一类人工合成的药物。用于兔大肠杆菌、伤寒杆菌病的防治。

（4）喹乙醇：人工合成药。小剂量可促进生长。对大肠杆菌、巴氏杆菌、绿脓杆菌病有防治作用。

（5）抗球虫药：常用的有氯苯胍、盐霉素、莫能菌素等。

氯苯胍：对多种畜禽的球虫病有效。对于兔球虫病，如预防每千克饲料中需加 150 毫克，如治疗则需加 300 毫克。

盐霉素：主治畜禽的球虫病。如用于预防兔球虫病，每千克饲料中添加盐霉素 25 毫克，如治疗则加 50 毫克。

莫能菌素：对畜禽球虫有良好的防治作用。如预防兔球虫病，每千克饲料中添加 25 毫克，治疗则添加 50 毫克。

（6）抗螨虫药：

敌百虫：配成 1%～3%溶液可对兔体局部涂擦，5%的溶液可用于药浴。

溴氰菊酯：对兔螨虫有很强的驱杀作用。用棉籽油稀释 1 000 倍涂擦患部。

速灭菊酯：对兔螨虫有良好的杀灭作用。用水稀释 2 000 倍涂擦患部。

阿维菌素：又叫阿福丁，对兔螨病有很好的防治效果，每千克体重用 0.3 克口服，可预防半年。

（7）其他常用药物：

鱼肝油：内含维生素 A、维生素 D。可用于治疗因维生素 A、维生素 D 缺乏引起的发育不良、视觉障碍、佝偻病。每只兔每次口服 1 毫升。每千克饲料中添加 10 毫升。

酵母：内含 B 族维生素，可治疗因维生素 B 族缺乏引起的消化不良和神经症状。每只兔每次 1～2 毫升。

人工盐：助消化，可治疗消化不良。每只兔每次 1～2 克口服。

大黄苏打片：可治疗消化不良，每兔内服 1～2 克。

乳酶生：可治疗消化不良，每兔内服 2～3 片。

石蜡油：治疗便秘、腹胀。每兔内服 10～15 毫升。

次碳酸钙片：治疗一般性腹泻，每兔口服 2～4 片。

安痛定：可治疗由感冒引起的发烧，每只兔肌肉注射 0.5～1 毫升。

58. 兔的给药方法有哪几种?

（1）内服给药：该方法操作简便，适用于多种药物。可拌料自食、投服、灌服等。

① 拌料自食：适用于毒性小，无不良气味的药物，按一定比例将药物混入饲料或水中，任兔自食或饮用。

② 投服：用于药量少、有异味的药物，或兔拒食时，由助手保定，操作者固定兔头并握着面颊使口张开，用筷子或镊子夹取药片送入口中，令其吞下。

③ 灌服：适用于有异味药物或拒食的兔。助手将兔保定好，操作者用汤勺或注射器、滴管将药液从口角缓缓灌入。注意千万不要误入气管。亦可用胃管插入食道直接送入胃中，切忌投入肺中。

（2）直肠灌药：当发生便秘、毛球病时，可将兔侧卧保定，将后躯抬高，用涂有润滑油的胶管或塑料管插入肛门，进入直肠 8～10 厘米，将药液灌入，然后让其自然排出。药液的温度应接近体温。

（3）注射给药：该方法药量准确，兔吸收快。有皮下注射、肌肉注射、静脉注射和腹腔注射等。

① 皮下注射：选颈部、肩前、股内侧或腹部皮肤松弛易移动的部位，局部剪毛，用碘酊或酒精消毒后，将药液注入。该方法主要用于疫苗接种。

② 肌肉注射：选臀肌或大腿肌肉丰满处，局部消毒，针头垂直刺入一定深度、回抽无回血后，将药液缓缓注入。注意不能伤及血管、神经和骨骼。

③ 静脉注射：由助手保定，固定头部，对耳朵外缘先消毒，然后用手指捏着耳尖并夹住，压迫静脉向心端，使耳静脉充血怒

张；把针头以 15°角刺入血管，并使针头平行进入血管一定深度，回抽见血后，缓缓注入药液。注完后拔出针头，用酒精棉球压迫针口防止出血。在注射前要排净注射器内空气，以免形成栓塞死亡。另外，油类药物不能静脉注射。

④ 腹腔内注射：此方法可用于补充体液。注射部位任选腹部脐后，用碘酊或酒精棉球消毒。使兔后躯抬高或倒提后肢，然后向腹内进针；回抽无血液、无气体后即可注药。注意进针不能太深，以防损伤内脏。药量多时应加温，使其温度与体温相同。

⑤ 气管内注射：颈部上 1/3 正中线处摸到气管，清毒后将针头垂直刺入，回抽有气体后缓缓滴注药液。此方法用于治疗气管、肺等的疾病。

59. 造成兽药残留的主要原因有哪些？

造成兽药残留的主要原因有：

（1）不正确使用药物，如用药的剂量、给药的方法、用药的范围和禁用的对象等不符合用药规定，药物标签上的用法指示不当。

（2）没有遵守休药期的规定，在休药期结束前屠宰动物，屠宰前用药掩饰临诊症状，以逃避宰前检查。

（3）饲料粉碎设备受污染或将盛过抗菌药物的容器用于储藏饲料，以未经批准的药物作为添加剂饲喂动物。

（4）在上市前未按规定停用含药物饲料添加剂，使用了禁止使用的药物治疗疾病。

60. 如何控制兽药残留？

一是严禁使用禁用药物，如氯霉素、痢特灵等。二是科学用药。严格遵守无公害畜禽饲养兽药使用准则中规定的用药量、用法和休药期，不随意加大用量，改变某些终身用药的方法为阶段适时用药，选用与人类用药无交叉抗药性的畜禽类专用药物。三是切实执行休药期标准。这是控制兽药残留的重要措施。休药期随药物的种类、制剂的形式、用药的剂量、给药的途径等不同而有差异，一般约为几小时、几天到几周，这与药物在动物体内的消除率和残留量有关。多选用无屠宰前休药期的药物，禁止出售在休药期内患病急宰的动物。四是推广使用抗生素替代品，例如微生态制剂、中成药，减少抗生素和合成药的使用（表5）。

表5 常用兽药停药期

序号	兽药名称	停药期（天）	序号	兽药名称	停药期（天）
1	土霉素	7	8	安钠咖	28
2	四环素	10	9	环丙沙星	10
3	达氟沙星	25	10	恩诺沙星	10
4	亚硒酸钠维生素E	28	11	青霉素	15
5	伊维菌素	28	12	链霉素	18
6	安乃近	28	13	卡那霉素	28
7	氨基比林	28	14	磺胺类药物	28

61. 如何进行家兔的健康检查?

兔的健康检查很重要，可及时发现病兔，采取有效防治措施，从而终止疾病的传播，减少经济损失。一般可按看、问、查三步进行。

（1）看：看外貌：健康兔营养良好，躯体匀称，体态丰满，被毛光亮，生长健壮，反应灵敏；病兔则体躯矮小、瘦弱，被毛粗乱无光，换毛迟缓或成片脱毛，眼睛无神，对外界刺激反应迟钝。

看采食：健康兔食欲旺盛，对经常吃的食物嗅后立即采食，且采食速度快。对食物不亲、吃的速度慢；拒食是疾病最早的征候，应引起注意。

看粪便：正常粪便呈球形，大小均匀，表面光泽，呈黑褐色。病兔的粪便稀、软、不成形，大小不一，粪球一头尖、酸臭，带黏液或带血等。

看呼吸：健康兔呈胸腹式呼吸。即呼吸时胸部和腹部运动协调，强度一致。病兔则呼吸急促，不协调，呈单纯的胸式或腹式呼吸。

看鼻液、听咳嗽：健康兔的鼻孔清洁干净。偶尔咳一两声。病兔的鼻孔不洁，鼻液增多，有痒感，打喷嚏，频频咳嗽。

看排尿：排尿失禁或带疼痛感，排尿量和排尿次数过多或过少都属病态。

（2）问：询问当地有何种疾病发生，死亡情况如何，急性还是慢性，经何部门确诊，何种药物有效。尤其是引进种兔时要问清楚当地有何主要疫情。应停止从有急性传染病的地区或兔场引种。

（3）查：查是在看和问的基础上对兔进一步有目的地检查。查体温、查呼吸、查粪便，查是否带菌，查某些病的抗体。查的目的就是防止将带细菌、带病毒、带寄生虫的兔引进自己的兔群。另外，对新购入的兔还要进一步隔离检查，确定无疾病后方可合群饲养。

62. 家兔传染病预防措施的依据是什么？

传染病是由病原微生物（细菌、病毒）引起的一类疾病。病原微生物经一定的传播途径侵入兔体后，兔如果没有抵抗力，病原微生物就可以大量生长繁殖而使兔发病。病兔向体外排出病原微生物，可引起其他健康兔的感染与发病。由个体发病引起群体发病，即传染病的流行。传染病的流行需具备三个基本条件：传染来源、传播媒介、易感兔群。

发病兔和带有病原微生物的兔是传染源，因为它可向外界排出病原体。

被污染的土壤、空气、饲料、饮水、工具、用具以及携带病原微生物的猫、狗、老鼠和人都可以成为传播媒介。

易感兔群指对某些传染病没有抵抗力的兔群。

上述三个基本条件都具备，传染病就可流行。切断任何一环，传染病的流行即终止。消灭传染来源，切断传播媒介，提高易感动物的抵抗力，是我们制订传染病预防措施的依据。

63. 家兔传染病的综合预防措施有哪些？

（1）引进种兔时把好检疫关：不要到疫区或发病场引进种兔，请兽医协助检疫，对购入的新兔应隔离观察一段时间，确实无病才能混群。

（2）自繁自养：选养健康的优种公兔和母兔，自行繁殖仔兔。防止因引进种兔而带入兔病，造成病的传播。

（3）加强饲养管理：按兔一生不同时期合理搭配饲料，保证其营养需要。作到冬防寒、夏防暑，为其创造通风、干燥、清洁卫生的生活环境。增强抗病能力。同时禁止非饲养人员随意进入兔舍，要消灭老鼠和蚊蝇，防止传染疾病。

（4）搞好环境卫生和消毒：坚持每天清扫兔舍和兔笼的粪便和污物，并将其堆集发酵。兔舍和兔笼要定期进行消毒。

（5）做好预防接种：给兔接种疫苗是激发兔体产生特异性抵抗力的防病手段，有目的、有计划地预防接种是控制家兔传染病的有效措施。对于某些传染病如兔瘟、兔巴氏杆菌病等，预防接种更起到关键作用。在某些传染病的多发地区或受到邻近兔场某些传染病威胁时应及时接种疫苗。当兔场发生了某种传染病时，对其他假定健康的兔也要紧急接种疫苗，这样可避免因疾病流行而造成更大损失。

（6）药物预防：定期或不定期地给兔群投以药物，也是预防兔传染病的有效措施。选用价廉有效安全的药物，添加到饲料或饮水中，可收到明显的预防效果。

第二节　兔常用诊疗技术

64. 如何捕捉家兔？

家兔虽然是小动物，性情温驯，但它行动敏捷，被毛光滑，又具有防御的天性，会用牙齿和爪来防卫。在诊治过程中，稍有不慎，会被兔抓伤或咬伤。兔胆小怕惊，在捕捉、搬运和保定时会挣扎，如果方法不当，对兔会造成不应有的损伤。

疾病的诊断、治疗，母兔的发情鉴定及妊娠检查等，均需先捕捉家兔。有些人捉兔习惯抓住两耳或后肢，这都是错误的。抓住两耳或后肢会使兔挣扎或跳跃，易损伤耳、腰、后肢，致使脑缺血或充血。对成年兔直接抓其腰部也不对，这样会损伤皮下组织或内脏，影响健康。有时会造成孕兔流产。

正确的方法是：对仔兔，因其个体小，体重轻，可以直接抓其背部皮肤或围绕胸部大把松松抓起，切不可抓握太紧。对幼兔，应悄悄接近，切不可突然接近，先用手抚摸，消除兔的恐惧感，然后大把连同两耳将颈肩部皮肤一起抓住，兔体平衡，不会挣扎；对成年兔，方法同幼兔，但由于成年兔体重大，操作者需两手配合。一手捕捉，一手置于股后托住兔臀部，以支持体重。这样既不会伤害兔，也可避免兔抓伤人。

65. 如何搬运家兔?

以一手大把抓住兔两耳和颈肩部皮肤，虎口方向与兔头方向一致，将兔头置于另一手臂与身体之间，手置于兔的股后部，以支持兔的体重；搬运中应遮住兔眼，使兔既无不适感，又表现安定。

66. 如何保定家兔?

家兔的保定分为徒手保定法、器械保定法和化学保定法三种。

（1）徒手保定法：①方法一：一手连同两耳将颈肩部皮肤大把抓起，另一手抓住臀部皮肤和尾即可，并可使腹部向上。适用于眼、腹、乳房、四肢等疾病的诊治。②方法二：相似于幼兔、成年兔搬运时的捉兔方法，不同的是将兔的口、鼻从臂部露出。适用于口、鼻的采样。

（2）器械保定法：①包布保定：用边长1米的正方形或正三角形包布，其中一角缝上两根30～40厘米长的带子，将包布展开，把兔置包布中心，把包布折起，包裹兔体，露出兔耳及头部，最后用带子围绕兔体并打结固定。适用于耳静脉注射、经口给药或胃管灌药。②手术台保定：将兔四肢分开，仰卧于手术台上，然后分别固定头和四肢。适用于兔的阉割术、乳房疾病治疗及腹部手术等。③保定筒、保定箱保定：保定筒分筒身和前套两部分，将兔从筒身后部塞入，当兔头在筒身前部缺口处露出时，迅速抓住两耳，随即将前套推进筒身，两者合拢卡住兔颈。保定箱分箱体和箱盖两部分，箱盖上挖有一个半圆形缺口，将兔放入箱内，拉出兔头，盖上箱盖，使兔头卡在箱外。适用于治疗头部疾病、耳静脉注射及内服药物。

（3）化学保定法：主要是应用镇静剂和肌松剂，如静松灵、戊巴比妥钠等使家兔安静，无力挣扎。

第三节　家兔传染病防治技术

（一）兔瘟（病毒性出血症）

67. 兔瘟的病原是什么样的？

兔瘟病毒属于嵌杯状病毒科，无囊膜，为二十面立体对称结构，外径为30～40纳米，具有凝集人红细胞的能力。能抵抗乙醚、氯仿等有机溶剂，可被1％氢氧化钠灭活。0.4％甲醛在40℃或37℃条件下能够杀死全部病毒，但仍能保持病毒的免疫原性。

68. 兔瘟有哪些流行特点？

病兔、死兔和隐性传染兔为主要传染源。本病可通过病兔与健兔接触而传播，病兔的排泄物、分泌物等污染饲料、饮水、用具、兔毛以及往来人员，亦可间接传播本病。本病只发生于兔，2月龄以上的兔最易感。本病的发生没有严格的季节性，北方以冬、春季节多发。本病一旦发生，往往迅速流行，常给兔场带来毁灭性后果。

69. 兔瘟的临床症状有哪些？

本病的潜伏期为2～3天。根据病程可分为以下三种病型：

（1）最急性型：多见于流行初期或非疫区。病兔无任何症状或仅表现短暂的兴奋即突然倒地，抽搐、鸣叫而亡。有的鼻孔出血，肛门附近带有胶冻样分泌物。

（2）急性型：在整个流行期占多数。病兔精神沉郁，体温升高到41℃以上，食欲明显减退或废绝，被毛粗乱，呼吸迫促，临死前体温下降，软瘫，四肢不断划动，抽搐、尖叫。部分病兔鼻孔流出带泡沫的液体，死后呈角弓反张。病程1～2天。

（3）慢性型：多见于流行后期或疫区，潜伏期长，病程长。病兔精神沉郁，食欲减退或废绝，消瘦。有的病兔站立不稳，甚至瘫痪。有的病兔可以耐过，但生长缓慢。

70. 兔瘟有哪些病理变化？

本病的特征性病理变化为各器官的出血、淤血、水肿，实质器官的变性和坏死，呼吸道发生病变。鼻腔、喉头和气管黏膜高度充血及点状出血，鼻腔和气管内充满血样泡沫和液体。肺脏水肿，有明显的大小不等的出血点，切面呈紫色。肝脏肿大，呈土黄色或褐色，质脆，有出血点。肾脏明显肿大，淤血，呈红褐色，表面或切面有出血点。脾脏肿大，淤血，呈暗紫色。心脏显著扩张，内积血凝块，心壁变薄。胃黏膜脱落，小肠黏膜有小出血点。肠系膜淋巴结、圆小囊和胸腺多数充血、出血。脑膜和脑内出血。胰脏有出血点。膀胱积尿。

71. 兔瘟的诊断方法有哪些？

（1）电镜检查：将新鲜病兔尸体或采病死兔肝、脾、肾和淋巴结等材料制成10%悬浊液，应用超声波处理，经差速离心或密度梯度离心纯化后，制备电镜标本，用2%磷钨酸染色，电镜观察。若检出本病毒，可初步确诊。

（2）血清学检查：用人的红细胞（各种类型均可）作血凝（HA）试验和血凝抑制（HI）试验。

① HA试验：将病料匀浆，取上清液，在微量板上2倍体积稀释，加入1%人O型红细胞。于37℃作用60分钟，若凝集，则证明有病毒存在。

② HI试验：用已知抗兔出血症病毒血清，检查病料中的未知病毒。在96孔V形微量滴定板上加被检病料（肝组织悬液），做2倍稀释，然后加抗血清，摇匀，再加入1%人O型红细胞悬液，于4℃作用30分钟观察结果。凡被已知抗血清抑制血凝者，证明本病毒存在，为阳性。

（3）动物试验：采取病死兔的肝、脾或肺，制成1∶5～10悬液，经双抗处理，接种2～3只兔。若发病死亡，自然病例的症状和病变相同，即可做出诊断。

72. 如何对兔瘟进行鉴别诊断？

兔瘟应与兔巴氏杆菌病和兔魏氏梭菌病区别开。

（1）兔巴氏杆菌病无明显年龄界限，多呈散发，急性病兔无神经症状，肝不显著肿大，但表面上有散在灰白色坏死灶，脾肿大不显著，肾不肿大。

（2）兔巴氏杆菌病病型复杂，可表现为败血症、鼻炎、肺炎、中耳炎等，可从病料中分离出巴氏杆菌。用抗生素和磺胺类药物治疗有效。

（3）兔魏氏梭菌病发病以急性腹泻和盲肠浆膜有鲜红色出血斑为特征，在粪便中可查出魏氏梭菌，肝病料做血凝试验呈阴性。

73. 对兔瘟的防治措施有哪些？

（1）预防：①加强饲养管理，坚持做好卫生防疫工作，加强检疫与隔离。②深埋病兔，对兔笼、用具进行彻底消毒。③用兔瘟组织灭活苗对家兔进行免疫接种，40 日龄进行第一次接种，间隔 20～30 天第二次接种，间隔 2～3 个月再第三次接种，免疫期可达 6 个月，以后每隔 4 个月接种一次。

（2）治疗：①发病后划定疫区，隔离病兔。病死兔一律深埋或销毁，用具消毒。②疫区和受威胁区可用兔瘟灭活苗进行紧急接种，按兔大小每只注射 2 毫升。③发病初期的兔肌注高免血清或阳性血清，成年兔 3 毫升/千克体重，60 日龄前的兔 2 毫升/千克体重。待病情稳定后，再注射兔瘟组织灭活苗。④病兔静脉或腹腔注射 20%葡萄糖盐水 10～20 毫升，庆大霉素 4 万单位，并肌注板蓝根注射液 2 毫升及维生素 C 注射液 2 毫升，也有一定效果。⑤板蓝根、大青叶、金银花、连翘、黄芪等份混合后粉碎成细末（此即为“兔瘟散”），幼兔每次服 1～2 克，日服 2 次，连用 5～7 天；成年兔每次服 2～3 克，日服 2 次，连用 5～7 天。也可拌料喂食。

（二）兔传染性水疱性口炎

74. 传染性水疱性口炎的病原是什么？

本病病毒属于弹状病毒科，水疱病毒属，主要存在于病兔的水疱液、水疱皮及局部淋巴结内，在 4 ℃时存活 30 天；−20 ℃时能长期存活；加热至 60 ℃及在阳光的作用下，很快失去毒力。

75. 传染性水疱性口炎有哪些流行特点？

本病多发生于春、秋两季，自然感染的主要途径是消化道。对家兔口腔黏膜人工涂布感染，发病率达67%；肌肉注射也可感染，潜伏期为5～7天。主要侵害1～3月龄的幼兔，最常见的是断奶后1～2周龄的仔兔，成年兔较少发生。健康兔食入被病兔口腔分泌物或坏死黏膜污染的饲料或水即可感染。饲喂发霉饲料或存在口腔损伤等情况时，更易发病。本病不感染其他家畜。

76. 传染性水疱性口炎的临床症状有哪些？

本病潜伏期5～7天。被感染的家兔病初舌、唇和口腔黏膜潮红、充血，继而出现粟粒大至扁豆大的水疱和小脓疱，水疱和脓疱破溃，发生烂斑，形成大面积的溃疡面，同时有大量唾液（口水）沿口角流出。若病兔继发感染坏死杆菌，则可引起患部黏膜坏死，并伴有恶臭。由于流口水，使得唇外周围、颌下、颈部、胸部和前爪的被毛湿成一片，局部皮肤常发生炎症和脱毛。病兔不能正常采食，继发消化不良，食欲减退或废绝，精神沉郁，并常发生腹泻，日渐消瘦，一般病后5～10天衰竭而死亡。死亡率常在50%以上。患兔大多数体温正常，仅少数病例体温升至41℃左右。

77. 传染性水疱性口炎有哪些病理变化？

患兔可见唇、舌和口腔黏膜有糜烂和溃疡，咽和喉头部聚集有多量泡沫样唾液，唾液腺轻度肿大发红。胃内有少量黏稠液体和稀薄食物，酸度增高。肠黏膜尤其是小肠黏膜有卡他性炎症变化。

78. 如何对传染性水疱性口炎进行鉴别诊断？

根据口腔炎症和流涎等特征，较易做出诊断。本病没有兔痘那样的皮肤性丘疹、眼炎及内脏器官病变，两者易于区别。本病舌、唇和口腔黏膜有水疱、脓疱和溃疡面，这可与化学刺激剂、有毒植物、霉菌引起兔的口炎相区别。

79. 对传染性水疱性口炎的防治措施有哪些？

（1）预防：①加强饲养管理，不喂霉烂变质的饲料。笼壁平整，以防尖锐物损伤口腔黏膜。不引进病兔，春秋两季做好卫生防疫工作。②对健康兔可用磺胺二甲基嘧啶预防，每千克精料拌入

5克，或0.1克/千克体重口服，每日1次，连用3～5天。

（2）治疗：①发病后要立即隔离病兔，并加强饲养管理。兔舍、兔笼及用具等用20%火碱溶液、20%热草木灰水或0.5%过氧乙酸消毒。②进行局部治疗，可用消毒防腐药液（2%硼酸溶液、2%明矾溶液、0.1%高锰酸钾溶液、1%盐水等）冲洗口腔，然后涂擦碘甘油。③用磺胺二甲基嘧啶治疗，0.1克/千克体重口服，每日1次，连服数日，并用小苏打水饮水。④采用中药治疗，可用青黛散（青黛10克、黄连10克、黄芩10克、儿茶6克、冰片6克、明矾3克，研细末即成）涂擦或撒布于病兔口腔，1日2次，连用2～3天。

（三）兔纤维瘤病

80. 纤维瘤病的病原是什么？

本病病原属于兔痘病毒属（黏液瘤病毒属）病毒，病毒粒子为砖形，大约300纳米×250纳米×200纳米。

81. 纤维瘤病有哪些流行特点？

在自然条件下，除家兔和野兔外，其他动物对本病均无易感性。简单的直接接触不能引起本病传播，也不能通过胎盘和乳汁传给后代，但人工接种可引起感染。在自然界，蚊或其他吸血昆虫的叮咬是本病的主要传播方式，本病一般呈良性经过。

82. 纤维瘤病有哪些临床症状及病理变化？

自然感染的病例，在腿或脚的皮下形成肿瘤，肿瘤呈球形，坚硬。肿瘤最大直径可达7厘米，一般为1～2厘米厚。良性肿瘤仅限于皮下，触摸可在皮下移动。肿瘤可保持几个月，个别病兔保持1年。病兔精神、食欲正常。恶性纤维素肿瘤时，全身多处出现弥散性纤维黏液瘤，伴发化脓性结膜炎、鼻炎，病兔多数死亡。

83. 如何对纤维瘤病进行诊断？

本病主要根据流行特点和症状进行诊断，如精神、食欲正常，一般无死亡，皮下出现触摸时可移动的肿块等。确诊需做病理组织学检查及病原学鉴定。

84. 纤维瘤病的防治措施有哪些?

（1）预防：加强饲养管理，主要依靠消灭吸血昆虫加以预防。病兔和可疑兔应隔离饲养，待完全康复后再解除隔离。兔笼、用具及场所必须彻底消毒。

（2）治疗：口服病毒灵，每日 3 次，每次 0.1 克，连服 7 天。

(四) 仔兔轮状病毒病

85. 什么是仔兔轮状病毒病?

本病是由轮状病毒引起的以严重腹泻为特征的仔兔的一种消化道传染病，2～6 周龄多发，尤以 4～6 周龄发病和死亡率最高，成兔多呈隐性感染。轮状病毒属于呼肠孤病毒科，轮状病毒属，病毒颗粒呈圆形，病毒主要存在于病兔的肠内容物及粪便中，粪便中的病毒在 18～20 ℃室温下经 7 个月仍有传染性。

86. 仔兔轮状病毒病有哪些流行特点?

病兔及带毒兔是传染源，自然感染经消化道传染，主要发生于 2～6 周龄仔、幼兔，尤其以 4～6 周龄幼兔最易感，发病率及死亡率均高，而成年兔常呈隐性感染而带毒，新发生本病的兔群常呈突然暴发，迅速传播，兔群一旦发生本病，随后将每年连续发生，不易根除。

87. 仔兔轮状病毒病有哪些临床症状?

潜伏期 1～3 天，体温升高，精神不振，患兔昏睡，减食或绝食，严重腹泻，排半流质或水样稀便，呈棕色、灰白色或浅绿色并伴有黏液或血液，脱水消瘦，2～4 天死亡。

88. 仔兔轮状病毒病有哪些病理变化?

剖检见空肠和回肠部绒毛呈多灶性融合和中度缩短或变钝，肠细胞中度变扁平。大小肠黏膜弥漫性出血，肠黏膜易脱落，内容物稀薄，呈灰黄色或灰黑色。某肠段的黏膜固有层和下层轻度水肿。

89. 如何防治仔兔轮状病毒病?

发现病兔应立即隔离，加强护理，及时清除病兔粪便。治疗无特效药物，可对症应用收敛止泻剂（如鞣酸蛋白），并应用抗菌药物防止继发细菌性感染。本病的预防主要依靠饲养管理，增强母兔和仔兔的抵抗力，并坚持日常消毒以杀灭病毒。

（五）大肠杆菌病（黏液性肠炎）

90. 大肠杆菌病的病原是什么？

大肠杆菌属于肠杆菌科中的大肠埃希氏菌属，为革兰氏阴性、无芽孢、有鞭毛的短小杆菌。该菌血清型较多，引起兔致病的大肠杆菌，主要有30多个血清型，如O_{85}、O_{19}、O_{16}、O_{128}、O_{18}、O_{26}、O_{86}等。埃希氏菌为需氧或兼性厌氧菌，最适生长温度37℃，pH7.2～7.4。对营养要求不严格，在普通培养基上生长良好。在普通琼脂培养基上生长后，形成光滑、湿润、乳白色、边缘整齐、隆起的中等大菌落。某些致病性菌株在血液琼脂培养基上能产生β型溶血环。在普通肉汤中生长，呈均匀浑浊，形成浅灰色黏液状沉淀。麦康凯培养基，由于本菌发酵乳糖，形成的菌落为紫红色；在伊红美蓝琼脂上生长，由于发酵乳糖产酸，使伊红和美蓝结合，形成紫黑色带金属光泽的菌落。

91. 大肠杆菌病有哪些流行特点？

因大肠杆菌在自然界广泛存在，故本病一年四季均可发生。当饲养管理不当或天气剧变时，兔体抵抗力下降，大肠杆菌数量会急剧增加，从而导致本病发生。本病常与沙门氏菌病、梭菌病和球虫病等有协同作用，导致肠道菌群紊乱而引起腹泻，甚至死亡。各种年龄的兔均易感，但主要发生在1～4月龄的幼兔，断奶前后的仔兔发病率、死亡率都较高。

92. 大肠杆菌病的临床症状有哪些？

急性病例在无任何症状前即突然死亡。病程短的在1～2天内死亡，长的经7～8天死亡。病兔体温低于正常，精神沉郁，被毛粗乱，脱水，消瘦，腹胀，剧烈腹泻，肛门和后肢被毛常沾有大量黏液或水样粪便，并带有两头尖的干粪球。四肢发冷，磨牙，最终衰竭死亡。

93. 大肠杆菌病病理变化有哪些?

胃膨大，充满多量液体和气体。小肠扩张、水肿，充满气体和黏液。大肠内容物呈水样，有多量胶冻样物，浆膜黏膜充血，有出血斑点。胆囊扩张，黏膜水肿，有些病例的心脏、肝脏有局部性的小坏死灶。

94. 大肠杆菌病诊断方法有哪些?

（1）病原学检查：采取病、死兔的心、血、肝、脾、肠内容物等，涂片，染色后直接镜检，观察是否有大肠杆菌。分离培养可用鉴别培养基，有条件的也可做生化反应或动物试验，进行诊断。

（2）血清学检查：可用血清学凝集试验、酶联免疫吸附试验（ELISA）等方法进行检查。此外，还可做家兔肠段结扎试验，检查肠毒素 ST 和 LT，但效果较差。

95. 如何对大肠杆菌病进行鉴别诊断?

（1）与兔沙门氏菌病相区别：死于沙门氏菌病的兔，剖检可见肝脏有散在的、针头大、灰白色的坏死病灶，蚓突黏膜有弥漫性、淡灰色、粟粒大的特征性病灶。病料接种于麦康凯平板上，如有无色透明或半透明的小菌落，为沙门氏菌；呈粉红色较大的菌落是大肠杆菌。

（2）与球虫病相区别：球虫引起的兔腹泻，将粪便或肠内容物涂片镜检，可见有大量的球虫卵囊。

（3）与轮状病毒性腹泻相区别：轮状病毒性腹泻主要发生于幼兔、青年兔、成年兔呈隐性感染。剖检病兔，空肠和回肠部的绒毛呈多灶性融合和中度缩短，肠细胞中度变扁平，某些肠段的黏膜固有层和下层轻度水肿。从病料中不能分离出细菌或寄生虫。

（4）与兔泰泽氏病相区别：泰泽氏病的特征性病变是肝门静脉附近的肝小叶和心肌有灰白色针头大或条状的病灶。病料涂片，姬姆萨染色，可见有成丛的毛发状的芽孢杆菌。

96. 大肠杆菌病的防治措施有哪些?

（1）预防：①平时加强饲养管理，搞好兔舍卫生，定期消毒。减少应激因素，特别是在断奶前后不能突然改变饲料，以免引起仔兔肠道菌群紊乱。②常发生本病的兔场，可用从本病兔中分离出的大肠杆菌制成灭活苗，每年进行2次预防注射，有一定疗效。③兔一旦发病，应立即隔离或淘汰，死兔应焚烧深埋，兔笼、兔舍用0.1%新洁尔灭或2%火碱水进行消毒。

（2）治疗：①肌肉注射链霉素，兔20～30毫克/千克体重，每天2次，连用3～5天。多黏菌素，每只兔2.5万单位，连用3～5天。庆大霉素，每只2万～4万单位，每天2次，肌肉注射，连用3～5天。以上药物可单独使用，也可配合使用。有条件的地方可先做药敏试验，再选用药物进行治疗。②穿心莲6克，金银花6克，香附6克，水煎服，每天2次，连用7天。也可用丹参、金银花、连翘各10克，加水1 000毫升，煎至300毫升，口服，每天2次，每次3～4毫升，连用3～4天。

（六）兔巴氏杆菌病

97. 巴氏杆菌病的病原是什么？

本病病原为多杀性巴氏杆菌，为革兰氏阴性、无芽孢的短杆菌，无鞭毛，瑞氏染色法染色呈两极着染。多杀性巴氏杆菌需氧或兼性厌氧，最适生长温度为37℃，最适pH7.2～7.4。对营养要求严格，在加有血清或血液的培养基上生长良好。在血清琼脂平板培养基上生长出露滴状小菌落。兔通常能分离到A型和D型，主要是5A和7A血清型。猪、禽巴氏杆菌对兔也有很强的毒力。

98. 巴氏杆菌病有哪些流行特点？

本病发生无明显季节性，但以春、秋及湿热季节发病率较高，常呈散发和地方性流行。一般情况下家兔带菌但不发病，在运输不当、更换饲料、气候变化等条件下，家兔的抵抗力下降，巴氏杆菌乘机而入从而引发本病。病兔和带菌兔是主要的传染源，呼吸道和消化道是主要的传播途径，也可经皮肤黏膜的破损伤口感染。

99. 巴氏杆菌病的临床症状与病理变化有哪些？

本病临床症状比较复杂，可表现为败血症、传染性鼻炎、肺炎、中耳炎、结膜炎、脓肿病灶等形式。

（1）败血症：病兔常未见症状就迅速死亡，死前体温高达41℃，拒食，呼吸急促，鼻腔有分泌物。剖检可见鼻黏膜及气管黏膜充血或出血，鼻腔有脓性分泌物。喉、气管、肺、心、肠、脾、膀胱等均有出血点和充血。肝肿大、变性，有坏死点，脾和淋巴结肿大或出血，肠黏膜充血，胸膜腔及心包积液。

（2）传染性鼻炎：病兔表现为上呼吸道的卡他性炎症，浆液性、黏液性或脓性鼻漏，打喷嚏，咳嗽。病兔常用前爪擦鼻部，使鼻孔周围皮肤红肿、发炎，被毛脱落。

（3）中耳炎：又称歪脖病，是病菌感染蔓延到兔内耳和脑的结果。病兔颈斜向一侧，严重者头弯向一侧，影响进食和饮水。此外，还可出现其他神经症状，鼓室流出白色渗出物等。

（4）肺炎：病兔常急性死亡，虽有肺炎病变发生，但很少见临床症状，有时表现为食欲不振和精神沉郁。剖检可见肺的尖叶、心叶和膈叶前下部的炎症，肺脏出血、实变、膨胀不全，并有脓肿和灰白色结节病灶，胸膜和心包膜常有纤维素性渗出物覆盖。

此外，病兔还可出现生殖系统炎症，母兔不孕并伴有黏性分泌物从阴道内流出；公兔的睾丸肿大，质地坚硬，并伴有脓肿。结膜发炎，眼睑肿胀、有分泌物。皮肤及内脏出现脓肿，直至发生败血症而死亡。

100. 巴氏杆菌病的诊断方法有哪些？

（1）直接镜检：取病兔心血、肝、脾等内脏器官涂片，干燥，固定，美蓝染色，如有两极着染的小杆菌，即可确诊。有条件的地方，也可做动物试验。

（2）血清学试验：检查被检兔的血清是否呈阳性，可用试管法、玻片法、琼扩法，也可用间接荧光抗体法。

101. 如何对巴氏杆菌病进行鉴别诊断？

本病需与兔波氏杆菌病、兔李氏杆菌病、野兔热、兔出血症相区别。

（1）兔李氏杆菌病：死于李氏杆菌病的兔，剖检可见肾、心肌、脾有散在的针尖大的淡黄色或灰白色坏死灶，胸、腹腔有多量的渗出液。病料涂片革兰氏染色、镜检，李氏杆菌为革兰氏阳性多形态杆菌。在鲜血琼脂培养基上培养呈溶血，而巴氏杆菌无溶血现象。

（2）野兔热：死于野兔热的兔，剖检可见淋巴结肿大，并有针尖大的灰白色干酪样坏死灶。脾脏肿大、深红色，切面有大小不等的灰白色坏死灶。肾和骨髓也有坏死。病料涂片镜检，病原为革兰氏阴性多形态杆菌，呈球状或长丝状。

（3）兔出血症：参见病毒性出血症（兔瘟）。

（4）兔波氏杆菌病：参见兔支气管败血波氏杆菌病。

102. 巴氏杆菌病有哪些防治措施？

（1）预防：兔场要定期检疫，净化兔群。坚持自繁自养，建立无多杀性巴氏杆菌的种兔群。定期进行疫苗注射，同时注意环境卫生，加强消毒措施。兔场应与其他养殖场分开，严禁其他畜禽进入，杜绝病原传播。将发病兔尽快隔离或淘汰，兔舍及用具用3%的来苏儿或2%的火碱消毒。

免疫预防：可用兔巴氏杆菌氢氧化铝菌苗或禽巴氏杆菌菌苗免疫注射，或用兔瘟、兔巴氏杆菌二联苗免疫注射。每年两次。

（2）治疗：①青、链霉素各10万单位，肌肉注射，每天2次，连用3～5天。使用庆大霉素、四环素治疗也有一定效果。②磺胺嘧啶，兔100～200毫克/千克体重，每天2次，口服，连用5～7天。喹乙醇，兔25毫克/千克体重，口服，每天1次，连用3天，效果也不错。③黄连、黄芪各3克，黄柏6克，水煎服。或用金银花9克、野菊花适量，水煎服。也可用穿心莲3克，水煎服。④急性病例，皮下注射抗出败多价血清，每千克体重约60毫升，1日2次，有显著效果。对有明显呼吸症状的病兔，可用抗菌药物滴鼻，1日2次，有显著疗效。

（七）兔葡萄球菌病

103. 葡萄球菌病的病原是什么？

金黄色葡萄球菌为革兰氏染色呈阳性的球菌，无鞭毛和芽孢，一般不形成荚膜，直径0.4～1.2微米，常呈葡萄串状排列，在脓汁或液体培养基中有些呈双球状或短链状排列。葡萄球菌需氧或兼性厌氧，在含10%～15%氯化钠的培养基中也能生长。在普通琼脂培养基上形成不透明的、边缘整齐的、光滑湿润的圆形菌落，能产生脂溶性色素，使菌落呈金黄色或土黄色。在血液琼脂上，有的菌株形成β型溶血。

104. 葡萄球菌病有哪些流行特点?

金黄色葡萄球菌常存在于兔的鼻腔、皮肤及周围潮湿环境中，在适当条件下通过各种途径使兔感染，如通过飞沫传播，可引起上呼吸道炎症；通过表皮或黏膜的伤口侵入时，可引起转移性脓毒血症；通过脐带感染，可引起仔兔败血症；通过母兔的乳头感染，可引起乳房炎，仔兔吮乳后也可引起肠炎。病兔特别是患病母兔是主要传染源。本病的发生无明显的季节性，与兔的年龄、性别、品种也无关。

105. 葡萄球菌病的临床症状与病理变化有哪些?

本病根据病菌侵入部位和扩散程度的不同，可呈现多种症状和病理变化。

（1）仔兔脓毒败血症：仔兔出生后2～3天，在皮肤尤其是胸、腹、颈、颌下和腿内侧先出现炎症，后见有粟粒大的白色脓肿，多数病兔在2～5天内出现败血症而死亡。经治疗，脓肿可慢慢吸收，脓疱逐渐变干结痂，自行脱落。

（2）转移性脓毒血症：在病兔头、颈、背皮下或肌肉以及内脏器官形成一个或几个脓肿，脓肿大小不一，小如豌豆，大似鸡蛋，柔软且有弹性。经1～2个月，皮下脓肿可自行破溃，流出白色干酪样脓汁。破口经久不愈，脓汁流到别处皮肤上，引起病兔搔抓，造成损伤后又可形成新的脓肿。脓肿向体内破溃时，即发生全身感染，呈现败血症状，兔迅速死亡。病死兔皮下、心、肺、肝、脾及子宫等内脏器官有脓肿，脓肿外有结缔组织包膜。有些病例可发生心包炎和胸、腹膜炎及骨膜炎。

（3）脚皮炎：常见于后腿跖趾区跖侧面皮肤，前肢则较少见。兔发病初期患部出现红斑，稍微肿胀和脱毛，随后形成经久不愈且易出血的溃疡。病兔脚不愿移动，换脚休息时小心翼翼。同时食欲减退，消瘦。发生全身性感染时，会迅速出现败血症而死亡。

（4）乳房炎：多在母兔分娩后最初几天内出现，多由乳头被仔兔咬破，细菌侵入所致。急性型病兔体温略有升高，乳房患部皮温增高，乳房呈紫红色或深蓝色。慢性型病兔发病初期，乳房局部发硬并逐渐增大，最后形成脓肿，往往旧脓肿治愈结痂，新脓肿又形成，脓汁呈乳白色或淡黄色油状。

（5）仔兔急性肠炎：又称仔兔黄尿病。一般全窝兔发病，病兔肛门四周被毛及后肢被毛潮湿、腥臭，兔昏睡，全身发软，病程2～3天，死亡率较高。剖检可见肠黏膜充血、出血，肠腔积液，膀胱扩张并积尿。

（6）鼻炎：病兔流大量浆液性脓性鼻液，鼻孔周围有干痂，呼吸困难，打喷嚏，常用前爪抓鼻部，鼻黏膜充血，鼻腔有大量脓性分泌物，鼻窦黏膜充血，内积脓。

106. 葡萄球菌病诊断方法有哪些?

（1）直接镜检：标本涂片，革兰氏染色后镜检。根据细菌形态、排列和染色性能可做出初步诊断。

（2）分离培养：致病性金黄色葡萄球菌能产生金黄色色素和肠毒素，有溶血性，可发酵甘露醇及产生凝固酶，根据这些特点可与非致病性葡萄球菌相区别。

（3）动物试验：猫对本菌肠毒素较敏感。猫经腹腔或静脉注射纯化毒素1微克，15～16分钟内可连续发生阵发性呕吐、腹泻，数小时后开始好转，很快康复。若毒素剂量过大，猫会在注射24小时后死亡。

107. 葡萄球菌病的防治措施有哪些?

（1）预防：①保持兔笼、兔舍卫生整洁，防止兔受损伤，兔在笼中不可太拥挤，把喜咬斗的兔分开饲养。②搞好饲养管理，给乳汁不足的母兔适当增喂优质和多汁饲料，仔兔让其他母兔喂养，以免乳头被仔兔咬破。对乳汁过多的母兔，则要减少精饲料及多汁饲草的喂量，以防乳房膨胀，乳头管扩张，病菌乘机而入。刚产出的仔兔，脐带消毒，以防感染。③被病菌污染的兔笼及病兔粪便要严格消毒，死兔应焚烧深埋。④患病兔场，可用金黄色葡萄球菌培养液制成菌苗，对健康兔每只皮下注射1毫升，有一定的预防作用。

（2）治疗：①青霉素：兔2万～4万单位/千克体重，肌肉注射，每天2次，连用4～5天。庆大霉素及卡那霉素，兔2万～4万单位/千克体重，肌肉注射，每天2次，连用3～5天。金霉素，口服，每只兔100克，每天1次，连用4天。此外，也可用庆大霉素、新霉素等类药物等进行治疗。②有皮肤脓肿时，可用消毒针头将脓肿刺破，用消毒棉擦去脓汁，涂上青霉素软膏或土霉素软膏。对乳房炎，轻者用0.1%高锰酸钾液冲洗乳头，涂上鱼石脂软膏，重者可用0.5%普鲁卡因注射液，加上青霉素，在乳房硬结周围封闭，每天1次，连续治疗3～5天。对脚皮炎或体表溃疡，可用0.5%雷佛奴尔或0.1%高锰酸钾洗净创口，涂上红霉素软膏，也可用紫药水或2%碘酒涂搽，并配合全身用药。对患鼻炎病兔，可用0.1%高锰酸钾液洗后，再用青霉素滴鼻。③对乳房炎可用中药治疗，当归6克，赤芍6克，皂刺3克，炮山甲3克，白芷3克，甘草2克，水煎服。金银花、连翘、蒲公英、地丁各10克，煎水拌料或温敷乳房，每天2～3次，连用3～5天。也可用金银花、野菊花、蒲公英各3克，水煎服，连用3～5剂。

（八）兔支气管败血波氏杆菌病

108. 支气管败血波氏杆菌病的病原是什么？

支气管败血波氏杆菌是一种细小的杆菌，革兰氏染色阴性，有周身鞭毛，能运动，不形成芽孢，多形态，由卵圆形至杆状，常呈两极着染。严格需氧菌，在普通琼脂培养基上生长后，形成光滑、湿润、烟灰色、半透明、隆起的中等大菌落。

109. 支气管败血波氏杆菌病有哪些流行特点？

支气管败血波氏杆菌是严格寄生菌，豚鼠、兔、狗、猫、马等多种动物都可感染本病，人也可感染。健康兔主要通过呼吸道而感染。天气骤变、感冒、寄生虫、刺激性气体或灰尘刺激上呼吸道等降低了兔的机体抵抗力，易引发本病。本病分为鼻炎型和支气管肺炎型，鼻炎型常呈地方性流行，支气管肺炎型多散发。

110. 支气管败血波氏杆菌病的临床症状有哪些？

（1）鼻炎型：在家兔中常发，多数病例鼻腔流出多量浆液性或黏液性分泌物，通常不变为脓性。发病诱因消除后，症状可很快消失，但常出现鼻中隔萎缩。

（2）肺炎型：其特征是病兔鼻炎长期不愈，鼻腔流出黏液或脓性分泌物，呼吸加快，食欲不振，逐渐消瘦，一般在几天至数月内死亡。

111. 支气管败血波氏杆菌病有哪些病理变化？

鼻炎型病例可见鼻腔黏膜、支气管黏膜充血，并有多量浆液、黏液。肺炎型主要病变为胸部发炎、出血。有的病例胸腔有大如鸽蛋、小如芝麻的脓疱，脓疱数量不等，多者可占体积的90%以上，脓疱内积满黏稠乳白色的脓汁。有的病例在肝脏或肾脏表面有黄豆至蚕豆大的脓疱，有的则出现心包炎、胸膜炎、胸腔积脓和肌肉脓肿。

112. 支气管败血波氏杆菌病诊断方法有哪些？

诊断时，应注意将本病与葡萄球菌病、巴氏杆菌病相区别。

（1）涂片镜涂：取鼻咽部黏液、分泌物及病变器官脓疱的脓液涂片，自然干燥后火焰固定，革兰氏染色。波氏杆菌为革兰氏阴性、多形态小杆菌，而葡萄球菌为革兰氏阳性的球菌。美蓝染色，波氏杆菌为多形态两极着染的小杆菌，与巴氏杆菌极为相似，难以区分。

（2）分离培养：病料接种于绵羊鲜血琼脂平板和改良麦康凯平板上，如在两种培养基上都能生长，且不发酵葡萄糖，即为波氏杆菌。如仅在鲜血琼脂平板上生长，不能在改良麦康凯平板上生长，则为巴氏杆菌。

（3）动物试验：取病料接种豚鼠和小鼠，如其在48小时内死亡，剖检呈现腹膜炎病变，并能分离出支气管败血波氏杆菌，则可诊断为本病。

（4）血清学反应：常做凝集试验。

113. 如何对支气管败血波氏杆菌病进行防治？

（1）预防：①加强饲养管理，改善饲养环境，做好防疫工作。②兔场最好坚持自繁自养。对新引进的兔，必须隔离观察 1 个月以上，经细菌学与血清学检查为阴性者方可入群。③本病常与巴氏杆菌混合感染。兔群一旦发病，必须查明原因，消除外界刺激因素，隔离感染兔，以控制病原传播。④可用分离到的支气管败血波氏杆菌，制成蜂胶或氢氧化铝灭活菌苗，进行预防注射，每只兔皮下注射 1 毫升，每年 2 次。也可用兔巴氏杆菌—波氏杆菌二联苗或巴氏杆菌—波氏杆菌—兔病毒性出血症三联苗。

（2）治疗：①卡那霉素，每只兔每次 20～40 毫克，肌肉注射，每天 2 次。②庆大霉素，每只兔每次 1 万～2 万单位，肌肉注射，每天 2 次。③四环素，每只兔每次 1 万～2 万单位，肌肉注射，每天 2 次。④鼻炎型病例也可用链霉素滴鼻，每天 2 次，连用 3 天。

（九）兔魏氏梭菌病

114. 魏氏梭菌病的病原是什么？

A 型魏氏梭菌菌体革兰氏染色为阳性，菌体较大，芽孢位于菌体中间或偏端。A 型魏氏梭菌主要产生 α 毒素。该毒素只能被 A 型抗血清中和，具有致坏死、溶血和致死作用，仅对兔和人有致病力。

115. 魏氏梭菌病有哪些流行特点？

本病的主要传播源是病兔。病菌可随病兔的粪便排出，污染周围环境，健兔食入后经消化道感染。6～12 周龄的兔最易发病，但断奶前的仔兔和成年兔亦可发病。本病一年四季均可发生，以冬、春季节最为常见。兔舍卫生条件不良、过热、拥挤，以及使用磺胺药物均可诱发本病。

116. 魏氏梭菌病的临床症状有哪些？

本病常突然发生。病兔精神沉郁，食欲废绝，急性下痢，粪便带血或呈黑色胶冻状，有腥臭味。肛门周围、后肢及尾部被毛潮湿，并黏有稀粪。兔体严重脱水、消瘦，多在出现症状后12～48小时死亡。少数病兔可拖至7天或更长些，最终死亡。发病兔体温通常不高。

117. 魏氏梭菌病有哪些病理变化？

剖检病死兔时，可闻到一股特殊的腥臭味。胃内充满未消化的食物，胃底黏膜脱落。小肠充满胶冻样液体，并混有气体，大肠内有多量气体及黑色水样粪便，肠浆膜及黏膜有弥漫性充血和出血斑点。有的病例胃壁膜上可见有大小不等的溃疡。肝质地变脆。膀胱充满茶色尿液。心脏表现血管扩张，呈树枝状。脾呈深褐色，肾与淋巴结无明显变化。

118. 魏氏梭菌病诊断方法有哪些？

（1）镜检：取病料涂片，用革兰氏法染色后镜检，如见有革兰氏阳性粗大杆菌，菌端钝圆，有荚膜，中心或偏端形成芽孢，再结合临床症状即可做出初步诊断。

（2）分离培养：粪便用灭菌生理盐水稀释后，加热到80℃，约10分钟后取上清液，接种厌氧肝肉汤培养基中，如分离到此阳性杆菌，再转移到血琼脂平板上，厌氧培养。

（3）动物试验：取厌氧肝肉汤培养基0.7毫升接种豚鼠、幼兔，如果均在24小时内死亡，剖检病变与自然死亡基本相同，可诊断为阳性。

此外，也可用中和试验、对流免疫电泳等血清学方法诊断本病。

119. 如何对魏氏梭菌病进行鉴别诊断？

本病应与球虫病、沙门氏菌病、巴氏杆菌病、兔瘟相区分。通过病原学方法不难区别这些传染病，从症状和病变上来看，它们也有各自的特征性变化。

（1）球虫病：多发于断奶前后的仔兔，成年兔不出现死亡。病兔营养不良，黄疸，贫血，剖检肠黏膜或肝表面有淡黄白色结节。

（2）沙门氏菌病：急性病例以败血症、下痢和流产为特征，断奶仔兔和青年兔多发。蚓突黏膜有弥漫性淡灰色小结节，肝脏表面有散在的针尖大小的坏死灶。母兔的子宫发炎，胎儿发育不良。

（3）巴氏杆菌病：本病多呈散发，无明显年龄界限。肝脏不肿大，有散在灰白色坏死灶。肾不肿大，有鼻炎、中耳炎、结膜炎等症状。

（4）兔瘟：各种兔均易感，死亡率高，以呼吸系统出血、实质器官淤血肿大和点状出血为特征。病料中分离不到细菌、寄生虫等病原。

120. 如何对魏氏梭菌病进行防治?

（1）预防：①平时加强饲养管理，搞好环境卫生，少喂高蛋白饲料，兔舍内避免拥挤，注意灭鼠灭蝇。②严禁引进病兔。发生疫情后，立即隔离或淘汰病兔。兔笼、兔舍用5%热碱水消毒，病兔分泌物、排泄物等一律焚烧深埋。③及时进行预防接种。繁殖母兔于春、秋季各注射1次A型魏氏梭菌氢氧化铝灭活苗，仔兔断奶后立即注射疫苗。

（2）治疗：①病初可用特异性高免血清进行治疗，按兔3～5毫升/千克体重皮下或肌肉注射，每天2次，连用2～3天，疗效显著。②金霉素，每千克饲料加10毫克，或按兔20～40毫升/千克体重肌肉注射，每天2次，连用3天。红霉素，兔20～30毫升/千克体重肌肉注射，每天2次，连用3天。卡那霉素，兔20～30毫升/千克体重肌肉注射，每天2次，连用3天。在使用抗生素的同时，也可在饲料中加活性炭、维生素B_{12}等辅助药物。③口服喹乙醇，兔5毫升/千克体重，每天2次，连用3天。④注意配合对症治疗，口服食母生（5～8克/只）和胃蛋白酶（1～2克/只），腹腔注射5%葡萄糖生理盐水，可提高疗效。

（十）兔炭疽病

121. 炭疽病的病原是什么?

炭疽病病原为炭疽杆菌，分类上属于芽孢杆菌科需氧芽孢杆菌属。这种细菌为链状、竹节状的粗大杆菌，两端平直，有荚膜，革兰氏染色呈阳性。无鞭毛，与空气接触时，在菌体中央可形成卵圆形或圆形的芽孢。本菌为需氧菌，对营养要求不高。在普通琼脂培养基上培养24小时后，形成灰白色、粗糙、不透明、边缘不整齐的大菌落。

122. 炭疽病有哪些流行特点?

本病的发生无季节性。兔群一旦发病，在短时被污染的饲料、饮水、器具是本病传播的重要媒介。传染途径主要是消化道，其次是破损的皮肤及黏膜。

123. 炭疽病的临床症状有哪些?

本病潜伏期一般为10～12小时。病兔体温升高，呼吸困难，黏膜发绀，食欲不振，行走不稳，战栗，血尿和腹泻，在粪便中常混有血液和气泡。病程稍长，病兔的喉部、头部可发生水肿，导致呼吸困难。死后天然孔出血。

124. 炭疽病有哪些病理变化?

炭疽病是恶性的人畜共患病，故病死兔不得随意剖检。必须剖检时，要做好个人防护和各种消毒工作。动物死亡后尸僵不全，剖检可见胃黏膜出血、溃疡，肠黏膜充血，被覆暗红色黏液、肠系膜淋巴结肿大，切面有点状出血。肝肿大、出血，切面外翻，流出暗红色血液，凝固不全。脾肿大，呈暗红色，质软如泥。头、咽皮下组织胶样浸润，咽部淋巴结肿胀。膀胱积尿，黏膜出血。

125. 诊断炭疽病方法有哪些?

（1）直接镜检：病料涂片，干燥，甲醛龙胆紫染色，水洗，镜检，如发现短链状、竹节状带荚膜大杆菌，可怀疑为本病。

（2）分离培养：强毒炭疽杆菌在普通琼脂平板上培养，形成低、平、不透明，表面干燥、粗糙，边缘呈毛发状菌落（R）。无毒株则形成稍透明、较隆起、表面湿润、边缘整齐的光滑型菌落（S）。通常在鲜血平板上，菌落周围不溶血。

（3）青霉素串珠试验：在细菌培养物中加入一定量的青霉素，培养一段时间后，如菌体形成典型的串珠状，可判定阳性结果。

（4）血清学检查：血清学检查包括荚膜抗体测定、多糖抗原测定等几种方法。

126. 如何对炭疽病进行防治？

（1）预防：①兔场发生本病时，要立即向上级有关兽医和卫生防疫部门报告，同时采取有效的封锁、消毒措施，防止本病传播、蔓延。②严格遵守兽医卫生制度，对病兔要彻底烧毁或深埋。被污染的场地和用具等，要用4%火碱或20%的漂白粉、0.1%升汞进行彻底消毒。③发生过炭疽病的地区，每年应注射1次炭疽芽孢苗，免疫期1年。

（2）治疗：①青霉素，每只兔肌肉注射20万单位，每隔6～8小时注射1次，连用3天。②链霉素，兔注射20～30毫克/千克体重，每天2～3次，连用3天。③注射抗炭疽高价血清，每只兔皮下注射2毫升。④磺胺类药物也有一定效果，如与抗炭疽血清、青霉素、链霉素同时应用，效果更好。

（十一）兔副伤寒（沙门氏菌病）

127. 副伤寒病的病原是什么？

本病病原为鼠伤寒沙门氏菌和肠炎沙门氏菌，为革兰氏阴性菌，呈短杆状，具有鞭毛，不形成芽孢。其培养特性与大肠杆菌相似，在普通琼脂培养基上生长后，形成光滑、湿润、灰白色、边缘整齐、隆起的中等大菌落。

128. 副伤寒病有哪些流行特点？

本病一年四季均可发生，主要发生于25日龄以后的母兔，发病率高达57%，流产率为70%，致死率为49%。病兔和带菌兔是主要的传染源。主要传播途径是消化道，幼兔也可经子宫内及脐带感染。健康兔吃了被污染的饲料、饮水而发病。健康兔肠道内在正常情况下也寄生有沙门氏菌，在管理条件不善、气候变化、卫生条件差、兔机体抵抗力下降时，病原体可大量繁殖，也会引发本病。此外，鼠类、鸟类及苍蝇也能传播本病。

129. 副伤寒病的临床症状有哪些？

少数兔发病呈最急性型，不出现症状而突然死亡。临床上常见的是急性型和慢性型。病兔精神沉郁，食欲废绝，体温升高，呼吸困难，腹泻，排出有泡沫的黏液性粪便。母兔从阴道内排出脓性或黏性液体，阴道黏膜潮红水肿。孕兔发生流产后多数死亡，少数康复兔后不易再受孕。

130. 副伤寒有哪些病理变化？

突然死亡的病兔呈败血症病变，多数病兔内脏器官充血和有出血斑，胸、腹腔有大量积液和纤维素性渗出物。病程较长的，可见气管黏膜充血和出血、有红色泡沫，肺水肿、实变，肝脏表面有针尖大小的坏死灶。脾充血肿大，肾肿大。肠黏膜充血、出血，有弥漫性灰白色粟粒大的结节，肠系膜淋巴结充血水肿，怀孕母兔或流产母兔出现化脓性子宫炎及溃疡症状。

131. 对副伤寒病如何进行诊断？

（1）直接镜检：标本涂片染色后镜检，观察是否存在具有沙门氏菌形态特征的细菌。

（2）分离培养：沙门氏菌在普通琼脂培养基上，形成圆形、光滑、湿润、半透明灰白色菌落。在麦康凯琼脂平板上，长出无色小菌落，此易与大肠杆菌相区别。

（3）血清学检查：最常用的方法是血清凝集试验或全血平板凝集试验。此外，还可用 ELISA 法、单克隆抗体免疫斑点试验进行检查。

132. 如何对副伤寒病进行鉴别诊断？

应注意将本病与兔李氏杆菌病、大肠杆菌病相区别。

（1）兔李氏杆菌病：李氏杆菌病除能引起怀孕母兔流产外，还有神经症状，如头、颈歪斜，运动失调等；李氏杆菌在显微镜下为革兰氏阳性的小杆菌。

（2）大肠杆菌病：参见兔大肠杆菌病。

133. 对副伤寒病如何进行防治？

（1）预防：①搞好饲养管理和环境卫生，消除各种应激因素，可减少本病的发生。②兔场要进行定期检疫，淘汰感染兔。引进的种兔要进行隔离观察，淘汰感染兔、带菌兔，建立健康的兔群。

③对怀孕初期的母兔可注射鼠伤寒沙门氏菌灭活苗，每次颈部皮下或肌肉注射1毫升，每年注射2次。④兔场应与其他畜场分隔开。兔场要做好灭蝇、灭鼠工作，经常用2%火碱或3%来苏儿消毒。发病兔、病死兔应及时治疗、淘汰或销毁。

（2）治疗：①链霉素，肌肉注射，每次10万单位，每天2次，连用3天。也可用四环素、土霉素、环丙沙星、蒽诺沙星等进行治疗。②磺胺二甲嘧啶，口服，兔100～200毫克/千克体重，每天1次，连用3～5天。③黄连5克，黄芩10克，马齿苋15克，水煎服。或取1份大蒜捣碎后，加5份水，调成汁，每只兔服5毫升，每天2～3次，连用5天。

（十二）兔李氏杆菌病

134. 李氏杆菌病的病原是什么？

病原为单核细胞李斯特氏菌。本病主要症状是脑膜脑炎、败血症、坏死性肝炎和心肌炎。这种细菌属李氏杆菌属，是一种革兰氏阳性的球杆菌。菌端钝圆，有时呈弧形，菌体排列多呈单个散在，有时两个排成V字形。无芽孢和荚膜，有鞭毛，能运动。

135. 李氏杆菌病有哪些流行特点？

各种动物均可感染，兔对本病的易感性较高。患病和带菌动物是主要的传染源。患病动物的粪、尿、乳汁、精液以及眼、鼻、生殖道分泌物，均可分离到李氏杆菌。本病可通过消化道、呼吸道、眼结膜和破损的皮肤感染。污染的水和饲料是主要传播媒介。本病多为散发，有时呈地方性流行。冬季缺乏青饲料、天气骤变、体内寄生虫等均可成为致病因素。

136. 李氏杆菌病临床症状有哪些？

本病潜伏期为2～8天。病兔可表现以下几种类型：

（1）急性型：多见于幼兔，病兔体温可达40℃以上，精神沉郁，食欲废绝。鼻黏膜发炎，流出浆液性、黏液性、脓性分泌物，几小时或1～2天内死亡。

（2）亚急性型：病兔精神不振，食欲废绝，呼吸加快，中枢神经机能障碍，作转圈运动，头颈偏向一侧，全身震颤，运动失调。孕母兔流产，胎儿皮肤出血。一般经4～7天死亡。

（3）慢性型：病兔主要表现为子宫炎，分娩前2～3天发病。病兔精神沉郁，拒食，流产，并从阴道内流出红色或棕褐色分泌物。有的出现头颈歪斜等神经症状，流产康复后的母兔长期不孕。

137. 李氏杆菌病的病理变化有哪些？

患急性或亚急性李氏杆菌病死亡的兔，主要变化是皮下水肿，心、肺水肿，胸腔积液。肝脏、心肌、肾、脾有散在或弥漫性针尖大的淡黄色或灰白色坏死点，淋巴结肿大。慢性病例除上述变化外，子宫内可见有脓性渗出物或暗红色液体，子宫壁增厚并有坏死灶，有时在子宫内可见变性胎儿或灰白色凝块。脑膜和脑组织充血水肿。

138. 诊断李氏杆菌病方法有哪些？

（1）显微镜检查：标本涂片染色后镜检，如发现革兰氏阳性球杆菌，菌体散在或呈V字形，菌端钝圆，有时呈弧形，再结合临床症状，可初步诊断为本病。

（2）血清学方法：可用凝集反应或补体结合反应测定。此外，生化反应、分离培养也有助于诊断本病。

（3）动物试验：家兔、小鼠和豚鼠均有易感性，一般在接种病料后1～6天内死亡；鼠和家兔用病料点眼后可出现化脓性结膜炎和角膜炎。

139. 如何对李氏杆菌病进行鉴别诊断？

兔李氏杆菌病应与兔巴氏杆病、野兔热、兔沙门氏菌病相区别，区别方法参见兔巴氏杆病和兔沙门氏菌病。

140. 如何对李氏杆菌病进行防治？

（1）预防：①严格执行兽医卫生防疫制度，搞好环境卫生，消灭老鼠及其他啮齿类动物。管好饲草、水源，防止污染。②发生本病，即全群检疫，病兔隔离治疗或淘汰。笼舍用具及场地用4%火碱水、3%来苏儿、10%漂白粉进行彻底消毒。③病兔肉及其产品应作无害化处理。有关工作人员应注意个人防护，以防感染。

（2）治疗：兔患病初期治疗有一定效果，一旦出现神经症状，药物就难以奏效了。①青霉素，每次 10 万～20 万单位，肌肉注射，每天 2 次，连用 4 天。②10%磺胺嘧啶钠注射液。成年兔 2 毫升，青年兔 1～5 毫升，幼兔 1 毫升，肌肉注射，每天 2 次，连用 3 天。③青霉素 10 万单位和庆大霉素 4 万单位联合使用，肌肉注射，每天 2 次。连用 3～5 天。肌肉注射青霉素，同时口服磺胺嘧啶 0.2～0.3 克，每天 3～4 次，连用 5～7 天。④新霉素拌料，按每只兔 2 万～4 万单位，每天喂 3 次。⑤金银花、栀子根、野菊花、茵陈、钩藤根、车前草各 3 克，水煎服。

（十三）兔坏死杆菌病

141. 坏死杆菌病的病原是什么？

坏死杆菌为拟杆菌科丝杆菌属的革兰氏阴性菌，无运动性，不形成芽孢。病灶中和新分离出的细菌呈长丝状，内含圆球状物，在多次培养后细菌才成为长的杆菌。

142. 坏死杆菌病有哪些流行特点？

患病动物是主要传染源，但健康带菌动物在一定程度上也起着传播作用。本菌能侵害多种动物，幼兔比成年兔易感性高。动物在污秽条件下易受感染。病原一般通过皮肤、黏膜的伤口侵入，在内脏引起坏死病变。本病常呈散发或地方性流行，潮湿、闷热、昆虫叮咬、营养不良等可促发本病。

143. 坏死杆菌病的临床症状有哪些？

病兔停止采食、流涎，体重迅速减轻。在唇部、口腔黏膜、齿龈、颈部、头面部及胸部等处出现坚硬肿块，随后出现坏死、溃疡，形在脓肿。病原也可在病兔腿部和四肢关节的皮肤内繁殖，发生坏死性炎症，或侵入肌肉和皮下组织形成蜂窝织炎。坏死病变具有持久性，可连续存在数周或数月，病灶破溃后散发恶臭气味，病兔体温升高，最后衰竭死亡。

144. 坏死杆菌病有哪些病理变化？

剖检可见病兔的口腔、齿龈、颈部和胸前皮下组织及肌肉组织等坏死。淋巴结（尤其是颌下淋巴结）肿大，并有干酪样坏死灶。多数病兔在肝、脾、肺等处有坏死灶。并伴有心包炎、胸膜炎。腿部有深层溃疡病变。皮下肿胀，内含黏稠脓性或干酪性物质。坏死组织有特殊臭味。

145. 诊断坏死杆菌病的方法有哪些？

（1）直接镜检：病料涂片，染色，镜检，根据病原的形态及染色特性可做出初步诊断。

（2）动物试验：病料制成乳剂后，注射 0.5～1.0 毫升于兔的耳外侧，或注 0.2～0.4 毫升于小鼠尾部皮下，2～3 天后，在接种部位出现坏死，并逐渐扩大，8～10 天后接种动物死亡。

146. 如何对坏死杆菌病进行防治？

（1）预防：①兔舍要清洁，干燥，光线充足，空气流通。除去兔笼、兔舍内尖锐物，以避免兔体皮肤、黏膜损伤。②从外地引进种兔时，必须进行隔离检疫 1 个月，确定无病时方可入群。③兔群一旦发病，要及时进行隔离治疗，淘汰病、死兔。彻底清扫兔舍并进行消毒。

（2）治疗：①青霉素，兔每只 20 万单位，肌肉注射，每天 2 次，连用 3 天。②土霉素，兔 20～40 毫克/千克体重，肌肉注射，每天 2 次，连用 3 天。③磺胺二甲嘧啶，兔 50～100 毫克/千克体重，肌肉注射，每天 2 次，连用 3 天。④进行局部治疗时，首先清除坏死组织，再用 3%双氧水或 0.1%高锰酸钾溶液冲洗，每天 2 次。皮肤炎症肿胀期，用 5%来苏儿冲洗，再涂上鱼石脂软膏。出现溃疡后，清理创面，涂搽青霉素软膏。同时配合全身治疗。⑤若兔的食欲下降，可灌服硫酸钠导泻或大黄苏打片健胃。

（十四）兔结核病

147. 结核病的病原是什么？

本病病原为结核杆菌，为分枝杆菌属的直或微弯的细长杆菌，在培养基上或干酪性淋巴结内的细菌有分枝现象。无荚膜，不产生芽孢，革兰氏染色呈阳性，抗酸性染色呈红色。兔结核病的病原主要是牛型结核杆菌，禽型和人型结核杆菌也能引起兔发病。该菌对外界抵抗力较强。

148. 结核病有哪些流行特点？

本病是人畜共患的一种传染病。一般通过呼吸道感染，经飞沫传播。患有结核病的人、牛和鸡的粪便、分泌物等污染了饲料和饮水后，被家兔饮食后也可染病。还可通过交配和皮肤创伤感染。有抵抗力的家兔感染较轻。在易感兔体内病原菌可迅速繁殖。适宜的传播条件、饲养管理不善可促发本病。

149. 兔结核病有哪些临床症状？

本病潜伏期长，常呈隐性经过，不表现明显的临床症状。发病兔食欲不振，消瘦，黏膜苍白，被毛粗乱，咳嗽气喘，呼吸困难，眼虹膜变色，晶状体透明，体温稍高。肠结核病例有腹泻症状，呈进行性消瘦。有些病例常见肘关节、膝关节和跗关节的骨骼畸形，外观肿大。

150. 兔结核病有哪些病理变化？

病兔尸体消瘦，内脏器官有大小不一、灰色或淡褐色的结节。结节通常发生于肝、肺、肾、腹膜、心包、支气管淋巴结和肠系膜淋巴结等部位，脾脏少见。结节具有干酪样坏死中心和纤维组织包膜。肺结核病灶可发生融合形成空洞，肠浆膜面有稍突起的、大小不等的结节，黏膜面上呈现溃疡，溃疡周围为干酪样坏死。支气管和纵隔淋巴结肿大，内有干酪样坏死。

151. 诊断兔结核病的方法有哪些？

（1）直接镜检：在痰、尿、脓液或脑脊液中找到结核杆菌，是本病最可靠的诊断依据。标本涂片固定，经抗酸性染色，结核杆菌呈红色，其他菌为蓝色，可作为诊断依据。

（2）动物试验：取病料接种豚鼠，一般作皮下接种，病死者或经4～6周不死者，经剖检，观察病变，或做分离培养。此法检出率较高。

（3）免疫学试验：变态反应、补体结合反应为重要的诊断方法。

152. 如何对兔结核病进行防治？

（1）预防：①加强饲养管理，严格兽医卫生防疫制度，定期对兔舍、兔笼和用具等进行消毒。②兔场要与鸡场、猪场等隔开，防止其他动物进入兔舍。结核病人不能当饲养员。③新引进的兔必须隔离观察1个月以上，经检疫无病方可混群。④发病兔要立即淘汰，被污染的场地要彻底消毒，严格控制病原传播给健兔。

（2）治疗：本病的治疗意义不大，关键要靠预防。必要时，可肌肉注射链霉素，按4万单位/千克体重，每天2次，连用7天。

（十五）兔伪结核病

153. 伪结核病的病原是什么？

本病病原为伪结核耶新氏杆菌，为革兰氏阴性、多形态的杆菌，大小为0.8～6.0微米，没有荚膜，有鞭毛，不形成芽孢。

154. 伪结核病的流行特点是什么？

伪结核耶新氏杆菌广泛存在于自然界，感染动物和带菌啮齿动物是自然储存宿主和传染源。家兔主要通过接触带菌动物和鸟类，或食入带菌食物而发病，也可通过皮肤、呼吸道和交配传染。本病多见散发，有时也呈地方流行，冬、春季节多发。营养不良、应激和寄生虫病等使兔抵抗力降低时，易诱发本病。

155. 伪结核病的临床症状有哪些？

病兔不表现明显的临床症状。一般表现为食欲不振，精神沉郁，腹泻，进行性消瘦，被毛粗乱，最后极度衰弱而死，多数病兔有化脓性结膜炎，腹部触诊可感到有肿大的肠系膜淋巴结和肿大坚硬的蚓突。少数病例呈急性败血性经过，体温升高，呼吸困难，精神沉郁，食欲废绝，很快死亡。

156. 伪结核病有哪些病理变化？

常见病变在盲肠蚓突和回盲部的圆小囊。严重时蚓突肥厚，圆小囊肿大变硬，浆膜下有许多灰白色干酪样粟粒大的结节，单个存在或连成片状。此外，肠系膜淋巴结肿大，有灰白色的坏死灶。黏膜、浆膜、肝、脾、肺脏有无数灰白色干酪样小结节。死于败血症的病例，肝、脾、肾严重淤血肿胀，肠壁血管极度扩张，肺和气管黏膜出血，肌肉呈暗红色。

157. 伪结核病诊断方法有哪些？

采淋巴结、内脏器官及粪便进行涂片，染色，镜检，伪结核耶新氏杆菌为革兰氏阴性、多形态的小杆菌。

158. 如何鉴别诊断兔伪结核病？

病料也可用麦康凯培养进行病原分离鉴定，必要时可用凝集反应或绵羊红细胞间接凝集试验进行确诊。本病应与结核病和兔球虫病相区别。

（1）结核病：由结核分枝杆菌引起，为革兰氏阳性杆菌，且具有抗酸染色的特点。结核病的病程较长，其主要病变是在肺、肝、胃等器官出现坚硬的结节状结核病灶。

（2）兔球虫病：由兔球虫引起，主要表现为腹泻，以断乳兔多见，病程短而死亡率高。病变主要在肝和肠部，表现为肠黏膜增厚、充血，小肠内充满气体和黏液，或在肠黏膜有数量不等的圆形、粟粒大的结节。胆管壁增厚，结缔组织增生而引起肝细胞萎缩。

159. 如何对伪结核病进行防治？

（1）预防：①加强饲养管理，定期消毒、灭鼠，防止饲料、饮水及用具被污染。②引进种兔要隔离检疫，严禁带入病原。平时对兔群可用血清凝集试验和红细胞凝集试验进行检疫，淘汰阳性兔，培育健康兔群。③屠宰时如发现患病兔，要销毁尸体，不得食用，以防止人感染本病。④可用伪结核耶新氏杆菌多价灭活菌苗进行预防注射，每只兔颈部皮下注射1毫升，免疫期6个月，每年注射2次。

（2）治疗：由于本病活体难以确诊，又无特效药物治疗，同时，本病亦可引起人的急性阑尾炎、肠系膜淋巴结炎和败血症，所以对患病动物一般不作治疗而淘汰。如有必要治疗时，可用链霉素、四环素、卡那霉素，但效果不太稳定。

（十六）兔绿脓杆菌病

160. 绿脓杆菌病的病原是什么？

绿脓假单胞菌是一种多形的细长、中等大的杆菌，大小为0.4

微米×2.5微米，革兰氏染色阴性。不形成芽孢，有时出现荚膜。本菌对营养要求不严格，在普通培养基上生长良好。在普通琼脂培养基上生长后，形成光滑、湿润、蓝绿色、边缘整齐、隆起的中等大菌落。

161. 绿脓杆菌病有哪些流行特点？

该菌广泛存在于自然界中，在人、畜的肠道、呼吸道和皮肤上也普遍存在。毒力较弱。动物感染与使用免疫抑制剂、长期使用广谱抗生素、烧伤和手术后的衰弱有关。病畜及带菌动物是主要传染源，经消化道、呼吸道及伤口感染。任何年龄的家兔都可发病，一般为散发，无明显季节性。

162. 绿脓杆菌病有哪些临床症状？

本病常突然发生。病兔精神沉郁，昏睡，呼吸困难，体温升高，鼻腔及眼内流出分泌物，下痢，排出血样的稀粪，很快死亡。慢性病例有腹泻症状或皮肤出现脓肿，病灶中散发出特殊的气味。有的病兔生前无任何症状，死后剖检才见有病理变化。

163. 绿脓杆菌病有哪些病理变化？

剖检可见病兔胃内有血样液体，肠道，尤其是十二指肠、空肠黏膜出血，肠腔内充满血样液体。内脏浆膜有出血点或出血斑；胸腔、心包腔和腹腔内积有血样液体。脾肿大，呈粉红色，肺有点状出血，肝脏有时会出现化脓灶。有些病例在肺部及其他器官形成淡绿色或褐色黏稠的脓液。

164. 诊断绿脓杆菌病的方法有哪些？

直接涂片镜检一般无实用价值，因为脓汁中有许多常见的细菌，如变形杆菌、大肠杆菌等，在形态和染色上很难与绿脓杆菌区别，故必须进行分离培养鉴定。此外，生化试验也是诊断本病的有效方法。

165. 如何对绿脓杆菌病进行鉴别诊断？

（1）兔魏氏梭菌病：魏氏梭菌为革兰氏阳性大杆菌，在鲜血平板上能形成双溶血环。死于魏氏梭菌病的兔，胃底黏膜有黑色溃疡，盲肠黏膜有鲜红色血斑，胃和小肠内无血样分泌物，而兔绿脓杆菌病无此病变。

（2）兔泰泽氏病：剖检泰泽病兔，胃和小肠肠腔内无血样内容物，脾不肿大，肺无点状出血，绿脓杆菌病则相反。病料接种于鲜血平板上，如有溶血菌落，菌落及周围培养基呈蓝绿色，为绿脓单胞菌，否则为泰泽氏菌的毛发状芽孢杆菌。

166. 如何对绿脓杆菌病进行防治？

（1）预防：平时搞好饮水和饲料卫生，做好防鼠灭鼠工作。有本病史的兔场，可用绿脓假单胞菌单价或多价灭活苗，每只兔皮下或肌肉注射 1 毫升，免疫期为半年，每年免疫 2 次。当发生本病时，对病兔及可疑兔要及时隔离治疗，兔舍应全面消毒。死兔及污物一律烧毁深埋。

（2）治疗：绿脓杆菌对多种抗生素产生抗药性，为确保治疗效果，最好先做药敏试验，选用高敏药物。①庆大霉素，每只兔每次 2 万～4 万单位，肌肉注射，连用 3～5 天。②多黏菌素 B，兔每千克体重 1 万单位，肌肉注射，每天 2 次。③羧苄青霉素，每次每只兔 20 万～40 万单位，肌肉注射，每天 2 次，连用 3 天。④复方新诺明，兔 200 毫克/千克体重，口服，每天 2 次。⑤中药治疗：郁金 2 克，白头翁 2 克，黄柏 2 克，黄芩 2 克，黄连 1 克，栀子 2 克，白芍 2 克，大黄 1 克，诃子 1 克，甘草 1 克，共研细末，开水冲半小时后拌料，预防用量为兔每天 1 克/千克体重，治疗量为兔每天 2 克/千克体重。

（十七）兔泰泽氏病

167. 泰泽氏病的病原是什么？

本病病原为毛样芽孢杆菌，为细长多样性的非抗酸染色的革兰氏阴性杆菌，能产生芽孢，能运动。这种细菌对外界环境抵抗力较强，在土壤中可存活 1 年以上。

168. 泰泽氏病有哪些流行特点？

病兔为本病的主要传染源。病原随病兔粪便排出，污染周围环境，健兔接触后经消化道而感染。主要侵害 6～12 周龄兔，断奶前的仔兔和成年兔也可发病。本病的发病率和死亡率较高。当拥挤、过热、运输及饲养管理不良等应激因素存在时，可诱发本病。

169. 泰泽氏病的临床症状有哪些？

病兔发病急，严重腹泻，粪便呈褐色糊状至水样，精神沉郁，食欲废绝，迅速脱水，常于发病后12～18小时死亡。耐过的病兔食欲不振，生长停滞。

170. 泰泽氏病有哪些病理变化？

病兔尸体严重脱水，全身有粪污染，盲肠或回肠后段、结肠前段的浆膜出血。盲肠和回肠肠腔内含有水样褐色内容物并充满气体，肠壁水肿。肝脏肿大，有弥散性坏死灶。脾脏萎缩。肠系膜淋巴结水肿。心肌有坏死灶。

171. 诊断兔泰泽氏病的方法有哪些？

（1）直接镜检：以肝坏死区、病变心肌或肠道病变部位作病料涂片，姬姆萨或镀银法染色，镜检，若在病变组织细胞浆中发现毛样芽孢杆菌，即可确诊。

（2）血清学检查：有条件的可用荧光抗体试验、补体结合试验以及琼脂扩散试验等进行诊断。

172. 如何鉴别诊断兔泰泽氏病？

应将本病与兔魏氏梭菌病、兔副伤寒及大肠杆菌病进行区别。兔魏氏梭菌病排带血胶冻样或黑色稀粪，胃黏膜和盲肠浆膜有溃疡斑和出血斑等。病料涂片、染色、镜检，可见革兰氏阳性大杆菌，可以与泰泽氏病相区别。与兔副伤寒及大肠杆菌病的鉴别详见本书有关内容。

173. 如何防治兔泰泽氏病？

（1）预防：①加强饲养管理，改善环境条件，定期进行消毒，消除各种应激因素。②隔离或淘汰病兔。兔舍全面消毒，兔排泄物发酵处理或烧毁，防止病原菌扩散。③对已知有本病感染的兔群，在有应激因素作用的时间内使用抗生素，可预防本病发生。

（2）治疗：兔病初期用抗生素治疗有一定效果。用0.006%～0.01%土霉素饮水，疗效良好。青霉素，兔2万～4万单位/千克体重肌肉注射，每天2次，连用3～5天。链霉素，兔20毫克/千克体重肌肉注射，每天2次，连用3～5天。青霉素与链霉素联合使用，效果更明显。红霉素，兔10毫克/千克体重，分2次内服，连用3～5天。此外，用金霉素、四环素等治疗也有一定效果。

(十八) 兔密螺旋体病 (兔梅毒)

174. 兔密螺旋体病原是什么?

兔密螺旋体为螺旋体科密螺旋体属的细长、弯曲的螺旋形微生物，姬姆萨染色呈红色。

175. 兔密螺旋体病有哪些流行特点?

病兔是主要的传染源。主要通过交配经生殖道传播，所以发病的绝大多数是成年兔。此外，被病兔的分泌物和排泄物污染的垫草、饲料、用具等也是传播媒介。兔局部发生损伤可增加感染机会。这种病菌只对家兔和野兔有致病性，对人和其他动物不致病。兔群发病率高但病死率低，育龄母兔的发病率为65%，公兔为35%。

176. 兔密螺旋体病临床症状有哪些?

本病的潜伏期为2～10周。患病公兔可见龟头、包皮和阴囊肿大。患病母兔先是阴道边缘或肛门周围的皮肤和黏膜潮红、肿胀、发热，形成粟粒大的结节，随后从阴道流出黏液性、脓性分泌物，结成棕色的痂，轻轻剥下痂皮，可露出溃疡面，创面湿润、稍凹陷，边缘不齐，易出血，周围组织出现水肿。病灶内有大量病菌，可因兔的搔抓而由患部带至鼻、眼睑、唇和爪及其他部位，造成脱毛。慢性感染部位多呈干燥鳞片状，稍有突起，腹股沟淋巴结或腘淋巴结可肿大。患病公兔不影响性欲，患病母兔的受胎率大大降低。病兔精神、食欲、体温、大小便等无明显变化。

177. 兔密螺旋体病有哪些病理变化?

病变仅限于患部的皮肤和黏膜，多不引起内脏器官的病变。病变表皮有棘皮症和过度角化现象。溃疡区表皮与真皮连接处有大量多形核白细胞。腹股沟淋巴结和腘淋巴结增生，生发中心增大，有许多未成熟的淋巴网状细胞。

178. 兔密螺旋体病诊断方法有哪些？

（1）直接镜检：采病变部皮肤压出的淋巴液包皮洗出液置于玻片上，在暗视野显微镜下观察，如见有活泼的细长螺旋状菌，可帮助诊断。也可用印度墨汁染色、镀银染色或姬姆萨染色，观察菌体形态。

（2）动物试验：对小鼠或豚鼠等实验动物人工接种病原菌后均不感染，但对家兔人工接种则发生病变，出现与自然感染相同的病灶。此外，血清学方法对本病的诊断亦有重要作用。

179. 兔密螺旋体病有哪些防治措施？

（1）预防：①兔场要严防引进病兔。新引进的兔必须隔离观察1个月，确定无病时方可入群。②配种时要详细进行临床检查或做血清学试验，健康者方可配种。③对病兔立即进行隔离治疗，病重兔应淘汰。彻底清除污物，用1%～2%火碱或2%～3%的来苏儿消毒兔笼和用具。

（2）治疗：①用新胂凡纳明（九一四）治疗，兔40～60毫克/千克体重，配成5%溶液静脉注射，必要时隔7天再注射1次。同时配合抗生素治疗，效果更佳。青霉素，兔每千克体重10万单位，肌肉注射，每天3次。连用5天。链霉素，兔15～20毫克/千克体重，肌肉注射，每天2次，连用3～5天。②局部治疗可用0.1%高锰酸钾溶液等消毒药清洗，然后涂上碘甘油或青霉素软膏。

（十九）兔秃毛癣

180. 秃毛癣的病原是什么？

病原是毛癣霉菌，其菌丝呈螺旋状、球拍状或结节状，大分生孢子呈棒状或细梭状，有2～6个横膈，小分生孢子呈葡萄串状或棒状。小孢霉菌的菌丝呈结节状或梳状，大分生孢子呈纺锤状，小分生孢子呈卵圆形或棒状。

181. 秃毛癣病有哪些流行特点？

病兔是本病的主要传染源。主要是通过健兔与病兔直接接触，相互抓、舔、吮吸和交配等而传播，也可通过各种用具及人员间接传播。各种品种的兔均能感染，幼龄兔比成年兔易感。潮湿、多雨、污秽的环境条件，兔舍及兔笼卫生不好，可促使本病发生。人也能感染本病。

182. 秃毛癣病有哪些临床症状?

本病开始时多发生于兔的头部和头部附近，继而传至爪及其他部位。病变皮肤表面有小块脱毛、结痂，痂皮脱落后出现小的溃疡，造成毛根和毛囊脓肿。若继发细菌感染，常引起毛囊脓肿。

183. 秃毛癣病的病理变化有哪些?

患部结痂，痂皮下组织发生炎性反应，有小的溃疡。毛囊出现脓肿。表皮过度角质化。

184. 秃毛癣病的诊断方法有哪些?

（1）直接镜检：刮取病变部位皮肤，将刮屑置于玻片上，加一滴10%氢氧化钾，用盖玻片覆盖，镜检。若发现分枝的菌丝及孢子，即可做出诊断。

（2）分离培养：镜检后可用沙堡氏培养基分离培养、鉴定。

185. 如何鉴别诊断秃毛癣病?

本病应与兔疥螨病、营养性脱毛区别开。

（1）兔疥螨病：由疥螨引起，主要寄生于兔头部和掌部的短毛处，以后蔓延至躯干部。病兔脱毛，奇痒，皮肤发生炎症和龟裂。从深部皮肤刮屑可检出疥螨。

（2）营养性脱毛：多发生于夏、秋季节，呈散发，多见于成年与老年兔。皮肤无异常，断毛较整齐，根部有毛茬，多在1厘米以下。发生部位一般在兔的大腿、肩胛两侧及头部。

186. 秃毛癣病的防治措施有哪些?

（1）预防：①加强饲养管理，搞好兔笼及兔体皮肤卫生。②发现病兔时应全群检查，将病兔隔离治疗或淘汰。③病兔接触过的兔笼及用具用福尔马林熏蒸消毒。污物及粪尿用生石灰消毒后深埋或烧毁。④管理人员应注意卫生，防止感染。

（2）治疗：①灰黄霉素，兔25毫克/千克体重，制成水悬剂，内服，每天1次，连用14天。②局部治疗时，患部剪毛或用镊子拔去短绒毛，毛即烧掉。用温肥皂水洗去皮屑及痂皮，再涂上10%水杨酸软膏或10%木馏油软膏、制霉菌素软膏、2%福尔马林软膏，每天涂搽2次。

（二十）野兔热（土拉杆菌病）

187. 野兔热的病原是什么？

野兔热的病原是土拉弗朗西斯氏杆菌，革兰氏阴性，但着色不良，用美蓝染色呈明显的两极着染。在患病动物血液中为球形，在培养基上则呈多形性，如球形、杆状、长丝状等，在病料中可看到荚膜。

188. 野兔热的流行特点有哪些？

病菌通过污染的饲料、饮水、用具以及吸血昆虫传播，并通过消化道、呼吸道、伤口及皮肤与黏膜而入侵。本病常呈地方性流行，多发生于春末夏初啮齿动物与吸血昆虫繁殖滋生的季节。

189. 野兔热有哪些临床症状？

急性病例多无明显症状而呈败血症死亡，死前食欲废绝，运动失调。多数病例病程较长，机体消瘦、衰竭，颌下、颈下、腋下和腹股沟淋巴结肿大、质硬，有鼻液，体温升高，白细胞增多。

190. 野兔热有哪些病理变化？

急性死亡者，无特征病变。如病程较长，淋巴结显著肿大，色深红，切面见大头针头大小的淡黄灰色坏死点；淋巴结周围组织充血、水肿；脾肿大、色深红，表面与切面有灰白或乳白色的粟粒至豌豆大的结节状坏死；肝肿大，有散发性针尖至粟粒大的坏死结节；肾病变和肝的相似。

191. 如何鉴别诊断野兔热？

本病淋巴结、脾、肝、肾有特征的化脓性坏死结节，因此，根据病变和细菌检查可作出诊断。但在伪结核病与李氏杆菌病病兔的有些器官，也可见坏死灶或坏死结节，应注意鉴别。

（1）伪结核病：灰白色粟粒状结节病变主要位于盲肠蚓突、圆小囊，其次为脾、肝、肠系膜淋巴结。有慢性下痢症状，病原为耶新氏杆菌。

（2）李氏杆菌病：灰白色坏死灶主要位于肝、心、肾，同时有脑炎、流产及单核细胞增多等临诊变化。无淋巴结坏死灶。

192. 如何防治野兔热？

（1）严防野兔进入兔场，按防疫规定引进种兔。

（2）消灭鼠类、吸血昆虫和体外寄生虫。

（3）病兔及时治疗，对病死兔应采取烧毁等严格处理措施。

（4）剖检病尸时要注意防止感染人。

（5）可用链霉素、卡那霉素等抗生素治疗。

（二十一）兔棒状杆菌病

193. 兔棒状杆菌病病原是什么？

本病是由鼠棒状杆菌和化脓性棒状杆菌所引起的一种慢性传染病，其特征为实质器官及皮下形成化脓灶。病原体为革兰氏阳性、正直或弯曲多形态的棒状杆菌，本菌对外界环境的抵抗力不强，57 ℃可迅速将其杀死，对一般消毒剂敏感。

194. 兔棒状杆菌病有哪些流行特点？

本菌广泛分布于自然界中，家兔易感性强，主要通过污染的土壤、垫草与剪毛或其他原因发生的外伤接触感染，或通过污染的饲料、饮水等消化道感染，本病常散发。

195. 兔棒状杆菌病有哪些临床症状？

病兔常无明显症状，逐渐消瘦，食欲不佳，皮下发生脓肿和变形性关节炎。

196. 兔棒状杆菌病的病理变化有哪些？

剖检可见病兔的肺和肾脏有小脓肿病灶，皮下也有脓肿病灶，切开脓肿后流出淡黄色干酪样脓液。

197. 如何鉴别诊断兔棒状杆菌病？

棒状杆菌病与兔波氏杆菌病均能引起肺形成化脓病灶，将脓液作涂片革兰氏染色镜检，支气管败血性波氏杆菌为革兰氏阴性、多形态小杆菌。病料接种于麦康凯琼脂平板和鲜血琼脂平板，支气管败血波氏杆菌在上述两种培养基上均能生长，呈灰白色菌落。

198. 如何防治兔棒状杆菌病?

（1）预防：加强饲养管理，严格执行兽医卫生防疫制度，搞好卫生，定期消毒，防止发生外伤感染，一旦发生外伤，立即涂搽碘酒或龙胆紫，以防伤口感染。

（2）治疗：①青霉素，每千克体重2万～4万单位，肌肉注射，每日2次，连用5～7天。②链霉素，每千克体重2万单位，肌肉注射，每日2次，连用5～7天。③新胂凡纳明，每千克体重40～60毫克，用灭菌生理盐水或蒸馏水配成5%溶液，耳静脉注射。

第四节　家兔寄生虫病防治技术

（二十二）兔球虫病

199. 什么是兔球虫病?

兔球虫病是肉兔寄生虫病中危害最严重的一种原虫病。依据球虫种类和寄生部位的不同，可分为肝球虫病和肠球虫病两种，但以混合感染最为常见。文献上记载的家兔球虫有16种，据我国各地调查有12余种，除兔艾美耳球虫寄生于肝胆管上皮细胞内引起肝型球虫病外，其余的均寄生在肠管上皮细胞引起肠型球虫病。

200. 兔球虫的生活史是怎样的?

兔球虫为直接发育，无中间宿主，其生活史可分为三个阶段：

（1）无性生殖阶段：形成孢子的卵囊随饲料及饮水被动物吞食，进入动物肠管后，孢子体脱卵囊而出，钻入上皮细胞，形成圆形的裂殖体，裂殖体再以裂殖体增殖的方式分裂形成许多裂殖虫（裂殖子），被寄生的上皮细胞遭到破坏，虫体逸出，钻入新的上皮细胞形成裂殖体裂殖虫；如此反复多次裂殖体繁殖，形成配子体，进入有性繁殖阶段。

（2）有性生殖阶段：在上皮细胞内形成的配子体，以配子生殖法形成雌性细胞（大配子）和雄性细胞（小配子），雌雄两性细胞结合成合子，合子周围迅速形成一层被膜，即为卵囊。卵囊由上皮细胞进入肠管内，随粪便排出体外。家兔吞食了散布在土壤、地面上的饲料和饮水等外界环境中的感染性卵囊后，感染性卵囊受到十二指肠液和胰液的刺激及肠蠕动的机械作用，子孢子便由孢子囊有栓塞的一端逸出至卵囊内，再从卵膜孔处钻出，或卵囊壁破裂而逸出。释放出的子孢子迅速侵入肠壁或胆管上皮细胞，变为圆形的裂殖体，重新开始其在宿主体内的生殖。

201. 兔球虫病的流行病学特点主要有哪些？

本病分布极广，多发生在温暖、潮湿、多雨的季节，常呈地方性流行。各年龄、各品种兔都有易感性，但断乳后至1个月龄的幼兔最易受到感染，死亡率也高，成年兔被感染后发病轻微，往往呈亚临床症状，但成为传染源，易传染给仔兔。新排出的卵囊在温度为12℃、湿度为55%、氧气充足的外界环境中，经过10天即发育成感染性卵囊，该卵囊对化学药品和低温的抵抗力较强，但遇到干燥和高温环境容易死亡，在60℃水中20分钟死亡，80℃水中10分钟死亡，开水中5分钟就死亡，在－15℃以下卵囊就会冻死，但一般的化学消毒剂对其杀灭作用很微弱。紫外线对球虫的各发育阶段也有很强的杀灭作用。本病的主要传播途径是健康兔吞食了由病兔粪便污染的饲料、饮水，随之将球虫卵囊带入体内而引起感染；苍蝇、蟑螂以及人的手、脚和一切用具等沾污了卵囊也是传染的来源之一；病愈康复兔以及感染过球虫病的成年兔都是长期带虫者，经常排出球虫卵囊污染环境，成为本病的主要传染源；此外，不良的饲养管理条件，如日粮营养水平低，饲料中维生素不足，兔舍拥挤、潮湿，清洁卫生工作差等，都可促使本病的发生。

202. 兔球虫病的临床症状主要有哪些？

兔球虫病的症状，随着动物年龄、生理状况、球虫种类、感染强度及饲养管理情况而不同。

（1）按病程长短可分为：急性，病程6天，动物常常死亡；亚急性，病程3周；慢性，病程3月。

（2）按球虫寄生部位可分为：肠型、肝型和混合型。临床所见多为混合型。

肠型：一般表现急性经过，有时不表现任何症状而很快死亡。多发生于12日龄兔，患兔突然侧身倒下，颈背及两后肢强直痉挛，头向后仰，频频惨叫而死；耐过不死的病兔转为慢性，表现食欲不振，腹围增大，拱背，下痢，肛门周围沾污稀粪，病程5天，常消瘦、贫血。

肝型：急性病例常发生于10日龄幼兔，临床上常见不到任何症状，四肢痉挛而死亡。肝型慢性经过多见成年兔，患兔被毛脆而无光泽，易脱落；眼球发紫，结膜苍白，黏膜黄染；肝脏肿大，肝区触及疼痛；一旦下痢，病兔很快消瘦死亡。病程长达13个月。

混合型：多发生于老兔场，具有肠型和肝型两种临床症状表现。患兔呈进行性消瘦，贫血，腹泻与便秘交替发生，排尿频繁或常作排尿姿势，尿液黄色、混浊，一般愈后不良。

203. 兔球虫病的病理变化主要有哪些？

一般可见尸体消瘦，被毛粗乱无光，可视黏膜苍白或黄染，肛门周围被粪便污染。肠球虫病患兔胃肠臌气，黏膜充血发炎；慢性病例的肠黏膜呈灰色，盲肠尤其是蚓突部有许多小而硬的白色结节，有的有化脓性坏死灶；肠系膜淋巴结肿胀，膀胱积尿，色黄、混浊，黏膜脱落。肝球虫病患兔，腹腔积水，肝脏肿大，肝表面及实质内有许多米粒到黄豆大的白色或淡黄色结节性病灶，俗称球虫斑，内有黄脓汁，镜检可见大量球虫卵囊，日久则变为粉粒样钙化物。病程较长者的胆管周围和小叶间部分结缔组织增生，肝细胞萎缩，肝脏容积缩小，胆囊肿大，胆汁浓稠，色暗，内含大量崩解的上皮细胞。混合型患兔，剖检时可见上述两种球虫病病变，且较为严重。

204. 如何诊断兔球虫病？

根据流行病学、临床症状、病理变化，结合球虫卵囊检查的结果进行确诊。检查粪便中的球虫卵囊，可用饱和食盐水漂浮法作涂片镜检，亦可用肠黏膜刮取物，肝脏病灶部刮取物及胆汁等制作涂片、镜检，均可见大量的卵囊、裂殖体和裂殖子等。急性病例，粪便中不排出卵囊，可用胆囊渗出物或胆汁作涂片镜检。饱和盐水漂浮法：基本原理是采用比卵囊密度大的溶液，使卵囊浮于液体表层。操作过程如下：

（1）制备饱和食盐溶液。在 1 000 毫升沸水中，加入 400 克食盐，充分搅拌、溶化，再用纱布或脱脂棉过滤，冷却后备用。

（2）取新鲜兔粪 6 克，置于容量为 150 毫升烧杯中，加入少量饱和食盐溶液搅拌溶解后，再加饱和食盐水（盐水总量约为粪量的 10 倍）搅匀。

（3）用双层纱布或 60 孔网筛，将上述粪液过滤到另一个烧杯内，弃去粪渣。

（4）将滤液静置 33 分钟后，卵囊浮在液面上，再用直径 65 厘米的小铁丝圈平着接触液面，蘸取一层水膜，抖落到载玻片上，加盖玻片后镜检。

205. 如何防治兔球虫病？

防治兔球虫病应采取综合性防治措施。

（1）养兔场应建于高燥向阳处，保证兔舍通风向阳，保持干燥。

（2）保持兔舍环境清洁卫生。每天清扫兔场、粪便；饲槽、饮水器及草架应设置在兔笼外，防止粪便污染饲料和饮水，笼底板的网眼应便于粪尿排出；消灭球虫卵囊的机械性传播者鼠类、蝇类及害虫；经常刷洗饲槽、饮水器等；兔舍、用具等定期消毒。

（3）幼兔与成年兔分开饲养，断奶仔兔及早隔离，以免传染幼兔。

（4）日粮配合应营养全面，给予碳水化合物类饲料，添加维生素和盐类，以增强兔体的抵抗力，减少球虫病的发生。同时，可添加适当的抗球虫药预防。

（5）发现球虫病兔应及时隔离、治疗，对尸体和内脏要深埋或焚烧。

（6）由于球虫对药物易产生抗药性，本病的防治需将下述抗球虫药交替使用或联合使用。

① 梅雨期间可用氯苯胍每千克饲料 52 毫克，磺胺二甲嘧啶，每千克饲料 20 毫克拌料饲喂，交替使用各 1 周，可预防本病发生，治疗量各加倍。磺胺氯吡嗪按每天每千克体重服药 2 毫克，连用 2 天，必要时停药 1 周后再用 2 天，或按药品说明书中标准的用量拌料、饮水，连续喂饮 2 个月，预防效果均好。复方磺胺甲氧吡嗪（每片含 3 毫克），成兔每次 2～3 片，仔兔 1～2 片，每天 1 次，连服 5 天，疗效显著。

② 磺胺二甲氧嘧啶用于预防，可按每天每千克体重服药 2 毫克，连用 6 天，停药 2 天后再用 3 天，在 2 个月内可反复应用 3 个疗程。若用于治疗，按第一天每千克体重 30 毫克，第 3～5 天改为 20 毫克。或者与二甲氧苄氨嘧啶按 3∶2 的比例混合成复方合剂，每千克饲料内添加 60 克，连喂 3 天；或每 20 毫升饮水添加 3 毫克，连饮 3 天，治疗效果均好。

③ 长效磺胺按每千克体重每天 2 毫克，连用 2 天，也可治疗球虫病。球虫灵可按每天每千克体重 3 毫克，每天 3 次，连用 3 天，防止球虫病暴发。球痢灵（硝苯酰胺）主要作用于二代繁殖体，按 3 毫克/千克饲料拌料，连喂 3 天。莫能菌素按每千克饲料 20 毫克拌料；可控制本病的发生。此外，盐霉素 3 毫克/千克饲料混饲，有防治作用。

④ 在精饲料中加洋葱、大葱、大蒜也有预防球虫病的作用。

⑤ 中药亦有预防和治疗本病的作用，下面几个中药配方，供参考。

四黄散：黄连、黄柏各 3 克，黄芩 11 克，大黄 2 克，甘草 3 克，共研末，每天 3 次，每次 3 克，连服 2～5 天。未愈可连服。

球虫九味散：白僵蚕 3 克，生大黄、桃仁泥、土鳖虫各 2 克，生白术、桂枝、白茯苓、泽泻，猪苓各 2 克，研末，每天 3 次，每次 3 克，病初效果显著。

（二十三）兔弓形虫病

206. 什么是兔弓形虫病？

弓形虫病是由龚地弓形体原虫引起的人畜共患寄生虫病。病原龚地弓形虫，不同的发育阶段有不同的形态。滋养体和包囊出现在人、兔、鼠等中间宿主体内；裂殖体、配子体和卵囊只出现在终末宿主（猫）体内。引起家兔发病的有两种类型：增殖型即滋养体，出现于病的急性期；包囊型多发生在慢性或隐性阶段。在终末宿主体内具有全部五种形态，而在中间宿主体内只有滋养体和包囊两种形态。在弓形虫的传播中意义最大的是卵囊和包囊，其次是滋养体。

（1）滋养体又称速殖子，存在于细胞内或细胞外，主要见于急性病例。其形态呈新月形、香蕉形或弓形，长4～7微米，宽2～4微米，一端稍尖，一端钝圆，核偏于钝圆的一端；经姬氏液或瑞氏液染色后，胞浆呈蓝色，核染成紫红色；在单核细胞、内皮细胞、淋巴细胞等有核细胞内还可见到正在繁殖的虫体。

（2）包囊型包囊又称组织囊，出现在慢性病例或无症状病例。通常呈卵圆形，囊内含有数个至数千个慢殖子，慢殖子的形态与滋养体相似。包囊主要寄生在脑、视网膜、骨骼肌、心肌以及肺、肝、肾等处，直径可达53微米，可在宿主体内寄生数月、数年。

（3）裂殖体在猫的肠上皮细胞内进行无性生殖，一个裂殖体可发育成许多裂殖子。

（4）配子体是在猫的肠上皮细胞内进行有性生殖时的虫体，有大配子体和小配子体两种，小配子体色淡，核疏松，后期分裂成许多小配子（雄性）；大配子体核致密、较小，形成一个大配子（雌性）。

（5）卵囊呈卵圆形，有双层囊壁；每个卵囊内形成3个卵圆形的孢子囊，每个孢子囊内含1个长形弯曲的子孢子。卵囊随猫粪排到体外。

207. 兔弓形虫病的流行病学有哪些主要特点？

本病多发生在夏秋季节。猫是弓形虫的终末宿主，也是人兽弓形虫病的主要传染源，猫感染后1周内即开始排出卵囊，一昼夜可排出卵囊13万～23万个，卵囊在外界环境中经1天（或更长的时间）即发育为内含孢子囊和子孢子的感染性孢子化卵囊，再通过皮肤、消化道、呼吸道、眼结膜等途径侵入兔体，也可经胎盘传染给胎儿；进入兔体后，主要通过淋巴血液循环侵入有核细胞，在胞浆内进行无性生殖引起发病。病兔和带虫者的肉、内脏、血液、渗出液和排泄物中均可能有弓形虫；吸血昆虫和蜱等可机械性传播本病。弓形虫的不同发育阶段抵抗力不同，卵囊的抵抗力较强，在常温下保持感染力可达11年，一般常用消毒药对其无作用；包囊在冰冻和干燥条件下不易生存，能抵抗胃液的作用；滋养体的抵抗力最差，在生理盐水中几小时后感染力即消失，各种消毒药均能使其杀死，1%浓度的来苏儿1分钟内即可杀死滋养体。

208. 兔弓形虫病的症状主要有哪些？

其症状可分为急性、慢性与隐性型。

急性型主要发生于仔兔，病兔突然发病，不食，精神沉郁，体温升高和呼吸加快，有眼眵，流鼻液，嗜睡，并于几日内出现运动失调或麻痹，有惊厥，常于发病后2～8日内死亡。

慢性型，常见于老龄兔，病兔减食，进行性消瘦、贫血，常后躯麻痹，病程较长，多数可康复，但也有死亡者。隐性型不表现临床症状，血清学检查呈阳性。

209. 兔弓形虫病的病理变化主要有哪些？

急性型：为全身性病变。除中枢神经系统外，主要脏器和组织均有肉眼可见的病变，以淋巴结、脾脏、肝脏、肺脏和心脏广泛出血、坏死为特征。肠黏膜高度充血，并有扁豆大溃疡；胸腔和腹腔积液。

慢性型：病变不明显，各内脏器官可能水肿、增大，并有散在的坏死灶。

隐性型：主要表现中枢神经系统受包囊侵害的病变，可见肉芽肿性脑炎，伴有非化脓性脑膜炎病变。

210. 兔弓形虫病应如何进行诊断?

本病无典型症状，诊断较困难，根据体温升高和运动失调或麻痹，死兔剖检淋巴结、肝、脾等脏器的大范围坏死灶可怀疑为本病。确诊应进行病原学或血清学检查。

(1) 涂片检查：采取胸腹腔渗出液或肺、肝、淋巴结等作涂片，吉姆萨或瑞士染色后镜检。弓形虫速殖子呈橘瓣状或新月形，一端较尖，另一端钝圆，胞浆蓝色，中央有一紫红色的核。

(2) 小鼠腹腔接种：取肺、肝、淋巴结等病料研碎后加 10 倍生理盐水（每毫升加青霉素 1 000 单位，链霉素 100 毫克），在室温中放置 1 小时。接种前震荡，待重颗粒沉淀后取上清液，接种于小鼠腹腔。每次接种后观察 20 日，小鼠发病死亡，或以其腹腔液及脏器作涂片镜检，查出虫体可确诊。

211. 兔弓形虫病应如何进行防治?

(1) 预防：经常保持兔舍清洁卫生，定期消毒可用 1%来苏儿、3%火碱或火焰彻底消毒，对病兔尸体应烧毁或深埋。在发病期间应注意人的防护；严禁在兔场养猫及其他肉食动物，严格阻断猫粪及其他排泄物对兔舍、饲料、笼具和饮水等的污染，大力灭鼠；对死于本病的和可疑的死兔要焚烧或深埋。平时应对兔舍、兔笼等加强消毒。本病的治疗应在发病初期，若服药较晚，则只能消除临床症状，不能阻止虫体进入组织内形成包囊，从而成为带虫者。早期治疗，可选用磺胺嘧啶、磺胺二甲基嘧啶、制菌磺等。

(2) 治疗：以磺胺类药物疗效好，与抗菌增效剂合用效果更佳。①磺胺嘧啶按 70 毫克/千克体重、三甲氧苄氨嘧啶按 14 毫克/千克体重，合用，口服，每天 2 次，首次加倍，连用 3～5 天。②磺胺甲氧吡嗪按 30 毫克/千克体重、三甲氧苄氨嘧啶按 10 毫克/千克体重，合用，每天 1 次口服，连用 3 天。

(二十四) 兔疥螨病

212. 什么是兔疥螨病?

兔螨病（疥癣病）又叫干爪病、癞病。是由螨寄生在皮肤而引起的一种接触传染的慢性皮肤病，其特征是剧痒、脱毛、结痂。

引起兔疥癣病较为常见的螨有4种，疥螨科中的兔疥螨和兔背肛螨、痒螨科中的兔痒螨和兔足螨。兔疥螨体小，呈圆形，外形如龟，背面、腹面扁平；整个虫体的头、胸、腹融为一体；前面为假头，上有马蹄形口器；身体背面有许多刚毛和小刺；腹面有4对腿，肛门在虫体后缘。雌虫比雄虫大。兔背肛螨也称兔小耳螨。体形更小，形态与兔疥螨相似，主要不同之处是肛门位于虫体背侧，距虫体后缘较远。兔痒螨虫体比疥螨大，呈椭圆形；体表光滑，有细毛，表面淡黄色；口器长而尖，呈圆锥形，腿比疥螨长。兔足螨形态和痒螨近似，口器较短，虫体呈卵圆形，不同之处是跗节吸盘的柄不分节，痒螨分节，长约52毫米，比痒螨小。

螨的发育可分卵、幼虫、若虫、成虫4个阶段。痒螨寄生在皮肤表面，以吸吮皮肤渗出液为食，完成整个生活史需10～12天。疥螨在皮肤上挖隧道，以皮肤组织、细胞和淋巴液为食，并在隧道内发育和繁殖，整个生活史为8～22天，平均15天。

213. 兔疥螨病的流行特点主要有哪些?

本病的主要感染方式是直接或间接接触感染，健康兔接触病兔或病兔污染物（兔笼、饲槽栏、管理用具）而造成感染。在秋冬季节，特别是多雨天气，笼舍阴暗潮湿，兔体绒毛增生，皮肤表面通风不良，气温下降，湿度增高，有利于螨的繁殖和蔓延。若兔群的卫生条件不良，管理不善，营养和健康状况不佳，均可促使本病加重和蔓延。

214. 兔疥螨病主要表现哪些症状?

兔疥螨和兔背肛螨多寄生于头部和掌部无毛或毛较短的部位，最初往往出现在鼻和唇，而后扩展到眼、头前和面部，在这些部位的真皮层挖掘隧道，吞食上皮细胞，吸吮淋巴液，再加上其代谢产物的许多有毒物质，刺激神经末梢，引起强烈瘙痒。病兔擦痒，抓搔患部，开始发生局部脱毛和浆液性渗出，接着形成由干涸的血清与上皮碎屑组成的白黄色痂皮，进而导致皮肤损伤和继发性细菌感染等严重病变。此外，螨的毒素可引起代谢紊乱，致使病兔消瘦、贫血甚至死亡。

兔痒螨主要侵害耳部。由于病原体引起的剧烈瘙痒，病兔常用后脚抓搔头部和耳，引起耳根部发红肿胀，随着自伤而导致继发性细菌感染。由于螯肢（口器部分）穿破并吞食皮肤的表皮层引起了炎症渗出，病初在耳内出现干的白灰色以至黄褐色的痂样渗出，而后痂块变成干燥加厚的糠麸样物质，慢慢塞满耳道，兔耳变重下垂，发痒或化脓。有些病变扩大到中耳和内耳，甚至脑膜，引起病兔癫痫样发作，以致死亡。兔足螨常在头部、外耳及足掌寄生，传播较慢，容易治疗。

215. 兔疥螨病应如何诊断？

根据临床症状可初步作出诊断，进一步确诊需找到虫体。具体方法在病变部与健康皮肤交界处，用小刀刮取病料（见血为止），放在载玻片上，加1～2滴甘油水溶液或液体石蜡，盖上盖玻片后在低倍显微镜下检查虫体。也可将病料放入适量氢氧化钠或氢氧化钾溶液中浸泡5小时，或煮沸数分钟，然后静置5分钟或离心，取沉淀物镜检。也可取沉淀物加入试管，再添加次亚硫酸钠溶液近管口，静置1分钟，从液面取样镜检。

螨病与湿疹和秃毛癣的鉴别诊断：秃毛癣不痒，患部呈现圆形或椭圆形明显的秃毛区，上面有易脱落的白色皮屑，创面干燥，不形成痂皮，而后融合成一个相当大的癣斑，镜检时可发现真菌的孢子和菌丝；湿疹多发生在患兔腹下，呈密集的小红点或红疹块，有被毛脱落，痒感不剧烈。

216. 兔疥螨病应如何防治？

（1）保持兔舍干燥、清洁、通风。发现病兔立即隔离治疗，并用500～1 000倍稀释的三氯杀螨醇或万分之五氨丙畏消毒笼具。针对螨虫15～20天的生活史特点，用2%晶体敌百虫溶液喷洒兔笼、用具、地面等，第一个月（8月份）每10天消毒一次，第二个月（9月份）每15天消毒一次，以后定期每月消毒一次，真正做到全面彻底消毒。

（2）坚持每天打扫兔笼舍，用具每天打扫前喷洒晶体敌百虫溶液，产箱内垫草勤晒或更换，不要天天用水冲洗兔舍地面，保持兔舍干燥和良好的通风环境。

（3）患耳癣的病兔用"雷达杀虫气雾剂"喷在耳壳内和患部，喷1～2下即可，耳癣严重的，隔一周再喷一次，可痊愈。

（4）患足癣的病兔用3%晶体敌百虫溶液治疗，先将患部糠麸状痂皮去除，然后涂擦晶体敌百虫溶液，严重者隔一周再涂擦一次即可。

（5）整个兔群用阿维菌素拌料喂服，进行预防性治疗。按兔每千克体重0.04～0.05毫克阿维菌素投药，第一次拌料喂服2天，每天1次，隔5天再拌料喂服2天，每天1次，效果明显。

217. 药物治疗兔疥螨病时应有哪些注意事项？

（1）先去掉痂皮，再用温肥皂水或温来苏儿溶液刷洗干净，最后用药，有利于药液侵入。

（2）第一次治疗后3天，再进行第二次治疗。

（3）严禁在兔舍内处理螨病，处理后的毛、痂皮要就地烧掉。

（4）不宜用药浴方法治疗兔螨病。

（二十五）兔囊尾蚴病

218. 什么是兔囊尾蚴病？

兔囊尾蚴病又名豆状囊尾蚴病，是由豆状带绦虫的幼虫寄生于家兔的肝脏、肠系膜和骨盆腔内所引起的疾病。

豆状囊尾蚴呈白色的囊泡状，大小如豌豆，囊壁透明，囊内充满液体，囊壁上可见嵌于壁内的白色头节，头节上有3个吸盘，两圈角质钩。豆状带绦虫的成虫为白色带状，链体长51厘米，边缘锯齿状，故又称锯齿带绦虫，寄生于犬、狼、狐狸等肉食动物的小肠内。兔等动物吞食了被豆状带绦虫的孕卵节或虫卵所污染的饲料或饮水后，虫卵中的六钩蚴在消化道内移出，钻入肠壁，随血液到达肝脏或离开肝脏再到腹腔，发育成豆状囊尾蚴。犬、狐狸等肉食动物吞食了含有豆状囊尾蚴的兔或其他啮齿动物的脏器后，在消化道小肠内，囊尾蚴即翻出头节，并固着在肠壁上，经2～3个月发育为成虫。

219. 兔囊尾蚴的流行特点有哪些?

本病呈世界性流行，我国有十多个省市发生过本病。

220. 兔囊尾蚴主要表现哪些症状?

病兔大多为1月龄以上幼兔，表现被毛粗糙、无光泽，消瘦，腹部膨胀，用手提起有拍水声。可视黏膜苍白，贫血，消化不良或紊乱，食欲减退，仔兔生长发育迟缓，大多水样腹泻，部分粪球小而硬，外裹一层胶冻样黏液，挂在兔笼底部。病重者出现黄疸，精神萎靡，嗜睡少动，耳朵苍白，眼结膜苍白，呈现贫血症状。逐渐消瘦，后肢瘫痪。并急性死亡，死亡率极高，至60日龄时几乎100%死亡。

221. 兔囊尾蚴的病理变化主要有哪些?

尸体消瘦，皮下水肿，有大量淡黄色腹水。肝脏肿大，腹腔积液，肝脏表面、胃壁、肠道、腹壁等处的浆膜面附着数量不等的呈水疱样白点，用放大镜看，大小如豌豆，囊内含有透明液体和一个小的头节，是豆状囊尾蚴。肝肿大，呈土黄色，质硬，有的表面有纤维块。肝表面和切面有黑红、黄白色条纹状病灶，有的为肝硬化。严重的腹水中有大量虫体。

222. 兔囊尾蚴的防治方法有哪些?

(1) 吡喹酮皮下注射，25毫克/千克体重，每日1次，连用5天，或35毫克/千克喂服，每日1次，连用3天。

(2) 丙硫苯咪唑，按15毫克/千克体重内服，连用5天。

(3) 场内饲养的狗实行拴养，并肌肉注射吡喹酮。粪便定期清扫并堆集发酵。

(4) 饲料库房的门窗钉上窗纱，防止猫随便进入，污染饲料。

(二十六) 兔虱病

223. 什么是兔虱病?

本病是由兔虱寄生于兔体表引起的一种慢性寄生虫病。兔虱终生不离开宿主，幼虫和成虫均靠吸血维持生活，一只虱一天能吸兔血0.2～0.6毫升；离开宿主后，通常在2～5天内死亡。兔虱对低温的抵抗力强，5 ℃时可存活 2 天；对高温与湿热的抵抗力弱，50 ℃时一昼夜即死亡。

224. 兔虱病的流行特点有哪些？

秋冬季节，兔换毛后，绒毛增生，被毛厚密，皮肤表面湿度增加，气温降低，最适宜兔虱生存和繁殖，故虱病较严重；反之，夏季则不利于兔虱的生存和繁殖，虱病显著减少。兔虱的传播方式，主要是直接接触而感染，即健兔与患兔互相接触而感染；其次也可以通过用具和褥草而传播。

225. 兔虱病的症状主要有哪些？

兔虱在叮咬吸血时分泌的毒液，刺激神经末梢，引起发痒，使兔不安，影响采食和休息。患兔啃咬或到处擦痒，造成脱毛、脱皮及皮肤损伤，有时可引起继发性细菌感染；皮肤上有微小的出血点，溢出的血液干后形成结痂，因而易脱毛、脱皮、皮肤增厚和发生炎症等。若兔虱过于密集，还可引起化脓性皮肤炎；患兔食欲减退，消瘦，被毛粗乱，抗病力减弱，幼兔发育不良。

226. 如何防治兔虱病？

（1）加强饲养管理，保持兔体清洁卫生；兔舍经常打扫、消毒，保持干燥、通风，勤换、勤晒垫草；定期检查兔群，发现有兔虱，及时隔离治疗。

（2）笼舍每隔一定时间用 2%的敌百虫溶液消毒 1 次，或将苦楝树叶放在笼内以驱除兔虱。

（3）治疗本病可取中药百部根 1 份、水 7 份，煮沸 20 分钟，冷却到 30 ℃时用棉花蘸水，在兔体上涂擦。也可用 2%的敌百虫溶液喷洒兔体，或将 5%的滴滴涕粉剂搓在患兔的被毛上。

（4）阿维菌素或伊维菌素系列产品，按有效成分 0.2～0.4 毫克/千克体重，口服或皮下注射效果都不错。

（二十七）兔肝片吸虫病

227. 肝片吸虫病的病原是什么？

肝片吸虫背腹扁平，呈叶片状，新鲜时呈棕红色，固定后变为灰白色。虫体长20～35毫米，宽5～13毫米。虫体前端呈圆锥状突出，称为头锥。头锥后方变宽，称为肩部。肩部以后变窄。体表有很多小刺，有口吸盘和腹吸盘，在口吸盘和腹吸盘之间有生殖孔。肝片吸虫为雌雄同体，可自体或异体受精。虫卵呈长卵圆形，黄褐色，有一不明显的卵盖，卵壳薄而透明，虫体大小为116～132微米×66～82微米。

228. 肝片吸虫病有哪些流行特点?

肝片吸虫寄生于兔的肝脏胆管内，成熟的虫卵随胆汁进入消化道，随粪便一起排出体外。在适宜的温度（15～30℃）及充足氧气、水分、光线条件下孵出毛蚴。毛蚴钻入中间宿主淡水螺（主要为椎实螺）中，发育为尾蚴。尾蚴自螺体内逸出，进入水中，附在水草上发育为囊蚴。家兔采食了附着囊蚴的水草后，囊蚴进入兔消化道，钻入胆管发育为成虫。本病分布广泛，除兔外，人、猪、反刍兽及马属动物也可感染。本病多发生在夏、秋两季，与中间宿主淡水螺繁殖产卵、迅速生长有关。

229. 肝片吸虫病有哪些临床症状?

肝片吸虫病一般情况下表现为急性和慢性两种病型。

（1）急性型：主要由幼虫在肝组织中移行造成。病兔表现为精神沉郁，食欲减退，病初体温升高，喜伏卧，贫血，腹痛，腹泻，黄疸，逐渐衰弱，肝区有压痛，并很快死亡。有的因出血性肝炎而死亡。

（2）慢性型：主要由成虫寄生在胆管造成。病兔运动无力，被毛松乱、无光泽，消瘦，严重贫血，可视黏膜苍白，结膜黄染；后期严重水肿，特别是眼睑、颌下、胸下水肿尤为明显，消化功能紊乱，腹泻及便秘交替出现，逐渐衰竭死亡。

230. 肝片吸虫病有哪些病理变化?

剖检急性死亡的病兔，可见幼虫穿过小肠壁并由腹腔进入肝实质，引起肠壁和肝组织损伤，肝肿大，肝包膜上纤维沉积、出血、有数毫米长的暗红色虫道，虫道中有凝固的血液和很小的童虫。幼虫穿行还可引起急性肝炎及内出血，腹腔中有血性液性，出现腹膜病变。

剖检慢性死亡的病兔，可见寄生的成虫。兔体消瘦，皮下、心冠及肠系膜等处水肿，胆管、肝脏发炎和贫血。早期肝脏肿大，后期萎缩硬化。有较多虫体寄生时，可见胆管扩张，胆管壁增厚、变粗甚至堵塞，胆汁淤滞而出现黄疸。胆管呈绳索状突出于肝脏表面，管内壁有磷酸钙、磷酸镁等盐类沉积，使胆管内膜变得粗糙，内有虫体及污浊、稠厚、棕绿色的液体。

231. 肝片吸虫病有哪些诊断方法？

生前诊断可采用水洗沉淀法检查粪便中有无虫卵。虫卵大，长卵圆形，金黄色，卵的窄端有一个不太明显的卵盖，卵内含有一个胚细胞及很多卵黄细胞。死后诊断主要看肝脏的病理变化。如病变符合本病特征并从胆管中找到肝片吸虫即可确诊。

232. 肝片吸虫病有哪些防治措施？

（1）预防：①对病兔及带虫兔进行驱虫；对以饲喂青饲料为主的家兔，每年要进行定期预防性驱虫。②注意饲草和饮水卫生。水生植物最好用发酵的方法杀灭囊蚴后再饲喂家兔。③及时清理兔粪，并进行堆集发酵处理；定期对兔舍进行彻底消毒。④消灭中间宿主淡水螺。

（2）治疗：①硝氯酚，兔 3～5 毫克/千克体重，口服，或兔 1～2 毫克/千克体重，肌肉注射。②吡喹酮，兔 80～100 毫克/千克体重，口服。③丙硫苯咪唑（抗蠕敏），兔 20 毫克/千克体重，每天 1 次，连用 3 天。④硫双二氯酚（别丁），兔 80～100 毫克/千克体重，口服，隔 2 天再服 1 次。

（二十八）兔肝毛细线虫病

233. 肝毛细线虫病的病原是什么？

肝毛细线虫属于毛细科，毛线属。虫体非常纤细，白色。虫卵椭圆形，两端具有塞状物，大小为 63～68 微米×30～33 微米。成熟的雌、雄虫在宿主肝脏内产卵，虫滞留在肝脏中。仅有少数的虫卵可通过损伤的胆管随胆汁进入肠中，随粪便排出。含有虫卵的肝脏被另一动物吞食后，肝脏被消化，虫卵随粪排出。或者宿主尸体腐烂后，虫卵自肝脏散出。虫卵污染饲料和饮水，被兔等动物吞食，卵壳在肠内被消化，幼虫钻入肠壁，随血流入肝，发育为成虫。

234. 肝毛细线虫病有哪些临床症状与病理变化?

病兔生前无明显症状，仅表现为消瘦，食欲降低，精神沉郁。病兔死后，可发现肝肿大，肝表面和实质中有纤维性结缔组织增生，肝脏有黄色条纹状或斑点状结节，有的为绳索状。结节周围肝周围组织可出现坏死灶。

235. 如何确诊肝毛细线虫病?

病兔生前诊断困难，只能通过尸检在肝脏内发现虫卵才能确诊。

236. 如何防治肝毛细线虫病?

消灭老鼠，同时避免老鼠污染饲料和饮水。治疗可用甲苯咪唑，兔 100～200 毫克/千克体重，口服，每天 1 次，连用 4 天。丙硫苯咪唑，兔 15～20 毫克/千克体重，口服。

（二十九）兔脑炎原虫病

237. 兔脑炎原虫病的病原是什么?

兔脑炎原虫的成熟孢子大小为 2.5 微米× 1.5 微米，呈杆状，两端钝圆，或呈卵圆形。核致密，圆形或卵圆形，偏于虫体体一端。在神经细胞、内皮细胞、巨噬细胞和其他组织细胞内，可发现无囊壁虫体假囊（虫体集落），其中可含 100 个以上的虫体。假囊和虫体也见于细胞外。

238. 兔脑炎原虫病有哪些流行特点?

病兔的尿液中含有兔脑炎原虫。消化道是主要感染途径，经胎盘传染也有可能。本病分布于世界各地，我国也有报道。发病率为 15％～76％。

239. 兔脑炎原虫病有哪些临床症状?

本病一般为慢性或隐性感染，常无症状，有时见脑炎和肾炎症状，如惊厥、颤抖、斜颈、麻痹、昏迷、平衡失调及腹泻、蛋白尿等。

240. 兔脑炎原虫病有哪些病理变化？

肾表面密布针尖大的白色小点，或有灰色小凹陷。如肾脏受害严重，则表面呈颗粒状或高低不平。组织上主要为间质性肾炎、纤维化和小肉芽肿（由淋巴细胞与浆细胞组成）。肉芽肿也见于脑内，脑内的肉芽肿，中心发生坏死，有多量脑炎原虫，外围是淋巴细胞、浆细胞和胶质细胞。肾中的虫体位于肾小管上皮细胞内或游离于管腔中。

241. 如何防治兔脑炎原虫病？

目前尚无有效的治疗药物。淘汰病兔、加强防疫和改善卫生条件有利于本病的预防。兔脑炎原虫能引起的歪颈。

（三十）兔蝇蛆病

242. 什么是兔蝇蛆病？

蝇蛆病是由双翅目昆虫的幼虫侵入兔的组织或腔道内而引起的疾病。能引起兔蝇蛆病的种类很多，有丽蝇属、污蝇属、胃蝇屑、螺旋蝇属及肉蝇属的多种蝇。不同种属蝇的幼虫在兔体的寄生部位略有不同，通常寄生在口、肛门、胃、肠道、生殖道和伤口及皮下组织内。本病全国各地均有发生，常发于夏季。

243. 蝇蛆病有哪些流行特点？

大多数成蝇在果园和苜蓿地滋生，不同种蝇的繁殖期及生物特性不尽相同，但一般的活动盛期在5～9月份。因此，兔的蝇蛆病也多发生于夏秋季节，各种年龄的兔都可发病，但对幼兔危害严重。

244. 蝇蛆病有哪些临床症状？

蝇蛆多侵入兔的口、鼻、肛门、生殖孔和伤口及皮下组织，皮肤表面的寄生部位多在肩胛部、腋下、腹股沟、面部、颈和臀部。一般情况下，感染初期兔的临床症状不明显。幼虫孵出后向深部移行，兔表现不安或尖叫，幼虫侵入的局部红肿，有痛感，触诊敏感，有炎性分泌物。随着幼虫的生长，侵入腔道的可造成相应器官的功能障碍；侵入皮下组织，可形成中央有小洞或瘘管的肿胀，肿胀直径10～20毫米，继发细菌感染后形成脓肿，破溃后流出恶臭、红棕色脓汁，用手挤压局部有时可见蝇蛆。幼虫在宿主组织和腔道内生长，以寄生的组织为营养，并有向深部组织内钻行的特点，同时幼虫生长发育过程中还产生多种毒素。因此，随病情发展，兔迅速消瘦，极易死亡，特别是幼兔死亡率更高。

245. 如何防治蝇蛆病?

（1）预防：预防要灭蝇，消除蝇滋生的环境条件。可在夏季喷洒敌百虫、除虫菊酯等杀虫剂。兔舍加装纱网，防止蝇类对兔的侵袭。

（2）治疗：发现兔体有蝇蛆寄生，立即隔离治疗。如果寄生在体表部位，首先将肿胀的结节用手术刀片切一小创口，用眼科镊子把蝇蛆取出来，也可向患部洞口滴入1～2滴氯仿或乙醚，促使蝇蛆离开洞穴，亦可用手指挤捏患部，挤出虫体，然后用0.1%的高锰酸钾冲洗，并涂消炎粉。如有化脓，可向洞内注射双氧水冲洗。除净坏死组织，局部注射1万～2万单位青霉素，经1～2次治疗，伤口逐渐愈合。如果蝇蛆寄生在深部组织或胃肠道内，可皮下注射依维菌素，每千克体重0.02毫克，对体温升高、出现全身症状的病例，除局部杀虫外，还要进行全身治疗，直至全身症状消失。

（三十一）兔日本血吸虫病

246. 血吸虫生活史是怎样的?

血吸虫的生活史分为成虫、虫卵、毛蚴、母胞蚴、子胞蚴、尾蚴与童虫七个阶段。终宿主为人或牛、猪等40多种哺乳类动物。终宿主感染后第21天出现雌、雄成虫交配产卵。中间宿主为钉螺。

247. 血吸虫病有哪些流行环节?

从血吸虫生活史可见，日本血吸虫病流行由以下五个环节构成：①传染源排出虫卵；②虫卵在水中孵出毛蚴；③毛蚴侵入中间宿主钉螺；④毛蚴在钉螺体内发育成熟后逸出尾蚴；⑤尾蚴感染终宿主人、畜等哺乳动物。

（1）成虫：成虫分为雌、雄两种。合抱的成虫常到肠系膜下层的静脉末梢交配产卵。与其他血吸虫相比，日本血吸虫产卵量最大，一条雌虫每天产卵 1 000～3 500 个，是曼氏血吸虫产卵量的 10 倍左右。

（2）虫卵：由于卵内毛蚴分泌物可使虫卵周围肠壁组织溃烂，在血流压力、腹内压力、肠蠕动等作用下，部分虫卵从破溃组织处落入肠腔，并随粪便排出体外。日本血吸虫卵仅有 17％随粪便排出体外，其余沉积在宿主肝脏和肠壁组织内。在病人粪便中查出的大多是成熟卵，未成熟卵和萎缩性的卵极少。成熟虫卵是经单细胞期、细胞分裂期和器官发生期发育而成。发育时间约 11 天。在宿主体内，成熟虫卵的寿命仅 10～11 天。所以，虫卵在宿主体内从产出到死亡仅 21～22 天。过后，体内的虫卵，包括成熟的虫卵和没有发育成熟的虫卵均发生变性、死亡、钙化。

（3）毛蚴：毛蚴有向光、向上趋性。毛蚴多在光线充足的上层游动。钉螺释放到水中的化学物质“毛蚴松”，对毛蚴有吸引力。毛蚴的趋向性有利于它获得入侵钉螺的机会。毛蚴侵入钉螺体的途径，主要是钉螺的鳃、鳃丝、口囊及食管、肛门与直肠等对外腔道，侵入的方式是利用其头腺分泌物的溶组织作用及纤毛的摆动和虫体的伸缩运动。

毛蚴的寿命很短，一般为 15～94 小时。适宜毛蚴孵化的温度，也适宜于其活动。在 10～33 ℃范围内，水温愈高，毛蚴活动性愈大，衰竭死亡愈快。37 ℃水温，20 分钟内活动的毛蚴数量大大减少，1 小时后只有少数的毛蚴缓慢运动，2 小时后毛蚴几乎全部死亡。

（4）胞蚴：毛蚴侵入钉螺后脱去纤毛板，除胚细胞外，原有一些结构退化，转变为胞蚴。胞蚴分为母胞蚴、子胞蚴两个阶段。早期的母胞蚴体小，袋状，两端钝圆。母胞蚴体内的子胞蚴体小，袋状，有前后端之分。后来，子胞蚴活动增强，从母胞蚴内破壁而出，向钉螺肝脏移动并定居下来。

胞蚴在钉螺体内发育是无性繁殖，所需时间受温度影响较大。6～7月份，气温在30℃左右，平均需47～48天；10～11月份，气温在17℃左右，平均需159～165天。气温在22～26℃，约需60天可发育出成熟的尾蚴。一个毛蚴侵入钉螺体后，经母胞蚴、子胞蚴阶段的无性生殖，可产生成千上万个尾蚴。

（5）尾蚴：日本血吸虫尾蚴属于叉尾蚴，由其体部和尾部两部分构成。尾部分为尾干与尾叉。感染钉螺约65天后出现尾蚴。尾蚴在水中并不摄食，寿命很短。在自然条件下，尾蚴一般能存活2～3天。尾蚴寿命和感染力与水温、pH等因素密切相关。一般情况下，水温愈高，活力愈强，死亡也愈快。在3～5℃经72小时后升温复苏，或在15～25℃经56小时，尾蚴仍具感染力，但感染力显著下降。pH1.0～1.2时尾蚴立即死亡，1.6～3.0时存活几分钟至10多分钟，4.6～9.8时存活2天，6.6～7.5时尾蚴的感染力影响较小。尾蚴对明矾耐力很强，明矾浓度为0.53克/升，尾蚴并不死亡。水中的盐浓度低于5.25%对尾蚴无影响，大于17.5%时，尾蚴很快死亡。

尾蚴钻入宿主皮肤后，丢弃尾部，发育成童虫。随血液移行，童虫经过肺到达肝脏和门静脉系统的血管。在此期间，虫体的形态和结构发生了与其生态相适应的变化，并逐步向成虫发育。这个过程至少要20多天才能完成。杀血吸虫药物——吡喹酮杀灭童虫的作用不明显，这就是接触疫水后20多天才进行早期预防性治疗的原因。

248. 日本血吸虫病有哪些临床症状？

少量感染时一般不显现临床症状，大量感染则表现腹泻、便血、消瘦、贫血，严重时出现腹水过多，最后死亡。

249. 日本血吸虫病有哪些病理变化？

肝表面及切面有灰白色或灰黄色结节。常见的慢性病例表现肝硬化，体积缩小，在门静脉血管内可找到虫体，肠道病变主要在直肠，肠黏膜面有溃疡或灰黄色的坏死灶。

250. 如何防治日本血吸虫病?

(1) 发现病兔及早治疗。用于治疗人畜血吸虫病的药物如吡喹酮、硝硫氰胺、血防 846 等，都可适用于兔。

(2) 重点保证饮水卫生，饮用开水或地下水，饲料要晒干或进行青贮后再喂兔。

(三十二) 兔蛲虫病

251. 什么是兔蛲虫病，应如何防治?

本病是由兔栓尾线虫寄生于兔的盲肠、结肠和直肠等引起的消化道线虫病。分布较广，感染较普遍，是家兔常见的线虫病，严重者可引起死亡。

临床症状：少量感染时一般不表现症状，严重感染时，可引起肠黏膜损伤，有时发生溃疡和大肠炎症。病兔食欲降低，精神沉郁，被毛粗乱，进行性消瘦，下痢，严重者死亡。患兔后肠疼痒，常将头弯向肛门部欲啃咬肛门解痒。大量感染后可在患兔的肛门外看到爬出的成虫，也可在排出的粪便中发现虫体。

预防：经常清洗消毒笼具，兔粪便进行堆积发酵处理。定期普查，发现感染兔及时用药（盐酸左旋咪唑）驱虫。

治疗：每千克体重用盐酸左旋咪唑 5～6 毫克，或每千克体重用丙硫苯咪唑 10～20 毫克，一次喂服；或者用硫化二苯胺，以 2%的比例拌料饲喂。

第五节　家兔内科病及营养缺乏病防治技术

(三十三) 兔感冒

252. 兔感冒的症状主要有哪些?

气候突然变冷，或兔舍阴冷潮湿都容易引发兔感冒。其临床症状为：患兔轻度咳嗽，打喷嚏，流清水鼻涕或稠鼻涕，流涎，体温高达 40 ℃以上，食欲减小，易引发气管炎和肺炎。呼吸困难，精神不振，如果护理不当，容易继发肺炎或出血性败血症。

253. 兔感冒应如何防治?

（1）预防措施：保持室内清洁卫生，气温变化时要注意关闭门窗保温，若遇有大风降温的天气，要及时在饲养舍内生火保温，防止温度忽高忽低。

（2）治疗方法：①单纯的感冒，可让患兔内服阿司匹林片，每天 1 片，分 2 次服，连服 3 天。②让其内服安乃近片，每次 1/2 片，每天 2 次，连用 2～3 天，同时用滴鼻净滴鼻。③用复方氨基比林注射液 2～4 毫升，青霉素按每只每次用 20 万国际单位，混合肌肉注射，1 天 2 次，连注 2 天，以控制炎症发生。也可用柴胡注射液肌肉注射，每天 2 毫升，每天 2 次，连注 2 天。④用大蒜加少许盐碾磨成大蒜汁，并在其中加少许水，蒜与水的比例为 9∶10，泡 9 个小时后，用一次性注射器吸入针管对兔滴鼻，1 日 2～3 次，连用 3～5 天。

（三十四）兔支气管炎

254. 什么是兔支气管炎?

支气管炎是肉兔的常见疾病之一，是黏膜的急性或慢性炎症，咳嗽、肺脏啰音是本病的主要特征。易在气候多变、寒冷季节发生。其发病原因：支气管炎多由气温突变、寒流侵袭，兔舍潮湿阴冷，受潮受凉而发病；其次，伤风感冒后未能及时治疗或者护理也容易发生本病。

病兔精神沉郁，不爱吃食，不断咳嗽，连打喷嚏，流出黏性鼻涕，流泪，体温升高至 41 ℃左右，呼吸急促，肺泡音强，肺脏啰音，粪便干燥，结膜发绀或潮红。

255. 兔支气管炎应如何防治?

（1）预防措施：首先，要搞好平时的饲养管理，喂给营养丰富、容易消化、适口性强的饲料，使肉兔膘肥体壮，具有较强的抗病能力；其次，兔舍要保持阳光充足，通风干燥，做到冬暖夏凉；最后，发现兔只伤风感冒，要及时对症治疗，并加强护理。

（2）治疗方法：① 消除炎症：可应用青霉素或链霉素等抗生素药物。肌注青霉素20万～40万单位，或链霉素0.25～0.5克；也可肌肉注射20%磺胺嘧啶注射液2毫升，每天2次，连用3天；或内服磺胺二甲基嘧啶0.1～0.2克，每天3～5次，连用7天。② 祛痰止咳：频发咳嗽而分泌物不多时，可选用镇痛止咳剂磷酸可待因内服，每千克体重22毫克，每天2～3次，连服2～3天；咳必清，每次12.5～22毫升，每天3次内服，连服3天。

（三十五）兔肺炎

256. 什么是兔肺炎？

（1）病因：本病多由病原菌感染引起，常由于感冒、气管炎或鼻炎继发引起。常见的病原菌有多杀性巴氏杆菌、支气管败血波氏杆菌、金黄色葡萄球菌、溶血性链球菌、肺炎双球菌、绿脓杆菌、肺炎克雷伯氏菌和大肠杆菌等。误咽异物时则会引起异物性肺炎，最后也往往因细菌继发感染而死亡。

（2）流行特点：多由于气候骤变、寒热不均、贼风侵袭，以及恶劣的舍内环境如潮湿、通风不良所致。本病的发生没有年龄限制，但多数病例发生于4～8周龄。

（3）症状：自然发生病例极少能见到有特征性的临床症状。如有症状，可能也仅表现为食欲减退和精神沉郁。常呈败血症经过而突然死亡。

（4）病理变化：病变常见于肺的前下部，根据病程及严重程度的不同而表现为肺实变、肺膨胀不全、灰白色小结节、肺脓肿等。肺实质可能出现出血性变化，胸膜、肺、心包膜上有纤维素絮片。也有的病兔胸腔内充满浑浊的胸水。严重时，可见由纤维组织包围的脓肿。病程的后期常表现为脓肿或整个肺叶的空洞。

（5）诊断：因为观察不到明显的临床症状，所以本病的诊断必须依赖于尸体解剖和细菌培养。

257. 兔肺炎应如何防治？

（1）防治：加强饲养管理，兔舍要阳光充足，通风保暖，防止受寒及贼风侵袭。

（2）治疗：可用青霉素、链霉素各 20 万国际单位，或卡那霉素 20 万国际单位，肌肉注射，每天 2 次，连用 3 天。此外，还可用庆大霉素、磺胺嘧啶钠、土霉素、氟哌酸等进行治疗。

（三十六）兔口炎

258. 什么是兔口炎？

肉兔口炎又称溃疡性口腔炎或传染性口腔炎，其特征为口腔黏膜发生水疱性炎症并有大量流涎，故也称“流涎病”。轻者间歇发生，重者可连绵不断，严重影响仔兔生长发育，甚至造成兔大批死亡，给养兔业带来很大经济损失。

流行特点：病兔是主要的传染源，经消化道感染，发病率约 68%，死亡率可达 50%以上。本病主要侵害 1～3 月龄的幼兔，断奶后 1～2 周的仔兔最常见，成年兔很少发生。

259. 兔口炎应如何防治？

治疗本病可将大蒜碾磨成汁，并加入少许食盐，用注射器吸入后灌服，每天 2～3 次，1 次 2 毫升，连用 3～5 天。平时预防，将大蒜加入饲料中或饮水中即可。

也可采用木耳白药加蜂胶合剂治疗，并配合肌肉注射聚肌细胞注射液及 ORS 疗法，治疗本病，获得满意效果。具体用药方法如下：

（1）木耳白药蜂胶合剂的配制方法：取黑木耳、云南白药粉各等份，先将木耳去杂，烘干，研细末，过筛，再加入云南白药粉，混均匀装瓶备用。治疗时，先用生理盐水冲洗口腔，洗干净后，用木耳白药合剂 2～3 克，加入蜂胶 0.5～1 克，然后加入适量温开水，调成糊状，涂于口腔病变部位即可，每天 2～3 次，连用 3～5 天。

（2）肌肉注射聚肌细胞注射液（人医用药）0.5～1 毫升，隔 2

天1次，连用3～5天即可。

(3) 口服ORS，其配方：氯化钠3.5克，氯化钾1.5克，小苏打2.5克，葡萄糖20克，加温开水1 000毫升，溶解后供病兔自饮，不限量，每天2～3次，连用3天即可。

(4) 若有继发感染，体温升高，全身症状较重者，可配合肌肉注射地塞米松、庆大霉素、维生素B、维生素C注射液配合ORS疗法，疗效更好。

(三十七) 兔腹泻

260. 兔腹泻及发病原因是什么?

腹泻病是养兔业中危害最严重的疾病之一，幼兔死亡率高达70%，患兔呈水样腹泻（叫拉稀粪），发病原因多，例如饲料搭配不当，气候突变，饮水不卫生，日常管理不良均可引起兔腹泻病。在喂养过程中，精料喂饲过多，引起幼兔腹泻，因幼兔对精料消化承受能力为30%。哺乳母兔承受力为40%，超过此标准，很可能引起腹泻，又如仔兔主要营养物质来源于青饲料，在喂养过程中，青饲料量不足，精饲料量过多，引起消化功能紊乱，而导致腹泻。气温低于10 ℃，断奶仔兔容易发生腹泻，在喂饲方法上要先喂草后喂料，这样适合兔肠胃消化功能，喂饲顺序不当也会发生腹泻。

261. 兔腹泻如何防治?

首先要从饲养管理着手，控制兔腹泻病。属于细菌性腹泻，粪便带黏液、发臭，兔体温升高，眼眵，流涕，腹部膨大，水肿，气喘。属继发细菌性下痢，可选用抗生素，庆大霉素、环丙沙星、丁胺卡那、氟哌酸肌肉注射，每只1～1.5毫升，每天打2次，也可用青霉素20万单位肌肉注射；对原虫性腹泻，可用磺胺噻唑或磺胺嘧啶，大兔1次1片，每日2次，小兔1次半片。

肉兔腹泻死亡率一般为20%～30%，主要危害5～8周龄的幼兔。治疗仔幼兔腹泻，可用红砂糖加大蒜汁加白酒灌服，每次1毫升，1天2～3次，连用3～5天即可；治疗成年兔可取大蒜500克，加100毫升白酒，泡24小时成为大蒜酊，用其喂兔，1次2

毫升，连用 2～3 天即可。

（三十八）兔便秘

262. 什么是兔便秘？

肉兔便秘的原因是由于兔肠弛缓，导致粪便积滞而发生的一种肠道疾病，以冬季患病最为常见。

（1）病因：多因饲养管理不当，精料过多，精粗饲料搭配不当，长期饲喂粗硬干草，而缺乏青绿饲料及饲料中混有泥沙，加之饮水不足，食量过多而缺乏运动，误食兔毛等引起的肠运动减弱，分泌减退而导致肠弛缓，使其大量粪便停滞在盲肠、结肠、直肠内，水分被吸收，变成干硬状，阻塞肠道而致病。此外，食入纤维含量过低的饲料，肠壁缺乏刺激，运动机能减弱，在一些热性病、胃肠机能紊乱等全身性疾病的过程中，也会出现兔便秘现象。

（2）症状：病兔食欲减退或废绝，肠音减弱或消失，初期排出的粪球少而坚硬，以后则排粪停止。有的兔头颈弯曲，俯视腹部或肛门，表现出排粪迟滞，肠管充满，当肠管阻塞而产生过量气体时，则有“肚胀”现象。严重时粪粒外包有一层白色胶样物质，尿少而色深（多为棕红色），触摸腹部时，可感到大肠内聚积多量的干硬粪粒。

263. 兔便秘如何防治？

（1）防治：精粗饲料要合理搭配，供给充足的饮水和青绿多汁的饲料，以及含纤维较多的饲料。加强运动，一旦发现便秘，应及时给予治疗，切勿拖延病情。

（2）治疗：①人工盐或硫酸钠，成年兔 5 克，幼兔减半，加适量水内服，每日 1～2 次，连服 2～3 天。便秘消失后应立即停药。②液体石蜡或蓖麻油，成年兔 16 毫升，幼兔 8 毫升，加等量水内服，每天 1～2 次，连服 2～3 天。③用温肥皂水 40 毫升灌肠（45 ℃左右），将导尿管插入患兔直肠，用不带针头的注射器接导尿管，再慢慢地把温肥皂水灌入，然后一手迅速按住肛门，另一手轻轻按摩结粪 5～10 分钟。④花生油或菜籽油 25 毫升，蜂蜜 10

毫升，水适量，内服，每日 1 次，连服 2～3 天。⑤为了制酵，可一次内服 5%乳酸溶液 4 毫升或 10%的鱼石脂溶液 6 毫升。⑥内服大黄苏打片，1 天 2 次，每次 1～2 片。⑦对顽固性难以治愈的病例，可肌肉注射硫酸新诺明，成年兔用量为 0.3 毫克，幼兔减半，注射后 20 分钟左右即可排出大量干硬的小粪粒，一般 1～2次可愈，注射后应观察 10～20 分钟，若发现有呼吸困难、肌肉震颤、流涎和出汗症状，可及时肌注适量的阿托品解救。⑧双醋酚酊，成年兔每次 5 毫克，幼兔减半，内服，每日 3 次，便秘消失后应立即停药。

（三十九）兔毛球病

264. 什么是兔毛球病，其病因主要有哪些？

在养兔生产中，兔的毛球病是一种比较常见的肉兔代谢病，多是由于肉兔食入过多的兔毛，兔毛在胃内团绕再与胃内容物相混绕而形成毛球混合物，滞留在胃内越积越大，阻塞胃肠道而发病，它严重影响肉兔的皮毛质量及养殖效益。病因为：

（1）不及时清理兔笼，肉兔采食了脱落于饲料或垫草中的兔毛。

（2）饲料中缺乏某些营养物质如氨基酸、维生素、矿物质等，导致肉兔食毛。

（3）兔笼狭小，饲养密度过大，极易引起肉兔互相啃咬食毛。

（4）饲料中营养不平衡，精料过多，粗料过少，粗纤维含量过低，肉兔常出现饥饿感而乱咬被毛。

（5）某些体外寄生虫病，如患有疥癣、毛虱等，肉兔奇痒，造成持续性啃咬，有时拔掉被毛而吞入胃内。

265. 兔毛球病的症状主要有哪些？

病初表现食欲不振，渴欲增加，喜饮水，好卧伏，大便干燥，排出的粪便带有兔毛，有时大便呈绳索状，当病情严重时，病兔只饮水不采食，触诊胃部膨胀、有毛球疙瘩，如不及时治疗可引起死亡。

266. 如何防治兔毛球病？

（1）预防：①饲喂全价平衡日粮，适当补充含硫氨基酸、维生素和矿物质等。②饲喂高纤维日粮特别是长的干草、青草及其他粗饲料，有助于在形成毛球前从胃内清除兔毛，日粮中的粗纤维含量在10%～14%较适宜。③改善饲养管理，兔笼要适当宽敞，饲养密度要适当，生长兔要及时分群。④搞好环境卫生，及时清除粪便、垃圾，严防兔毛混入饲料中。⑤定期用火焰喷灯喷烧兔笼，以烧掉黏附在笼网上的兔毛。

（2）治疗：①药物疗法：发现毛球病后，早期较轻时可口服多酶片，每次4片，每日1次，连服5～7天，使毛球逐渐酶解软化，同时口服泻药（如：15毫升花生油，每日2次），以促进毛球排泄。较严重者，除用上述疗法外，还应口服阿托品0.1克，使幽门松弛，以便于毛球下滑，同时配合腹外按摩挤压，促使毛团破碎与排泄。毛球排出后，应喂给易消化的饲料。对有食毛症的家兔，要将食毛兔隔离饲养，并往其饲料中添加1.5%的硫酸钙和0.2%的胱氨酸＋蛋氨酸（或1%的毛发粉）。②手术疗法：对于药物治疗无效者，应立即进行手术，取出阻塞物。

（四十）兔中暑

267. 什么是兔中暑，应如何防治？

炎夏时节，兔容易出现中暑现象。其症状为兔全身发热，食欲减退，精神萎靡，行走不稳，口鼻和眼睑黏膜充血潮红，发病严重时，兔呼吸困难，心跳加快，或卧下后颤抖、抽筋，此后抽搐死亡。

防治：

（1）夏季兔舍要通风，周围要种植树木或藤蔓类植物遮阳，中午地面泼凉水降温，让兔经常饮用淡盐水并充分休息。

（2）夏季到来时给长毛兔剪毛1次，尽量不让种兔繁殖。

（3）兔中暑后，立即把兔放在阴凉通风处，让其饮用1%的盐水，同时用冷水敷头，或在耳静脉放出适量的血，然后灌十滴水3滴。

（4）用大蒜汁、韭菜汁或生姜汁滴鼻，或把一块砖用凉水浸透，让兔趴在上面降温。

（四十一）兔异食癖

268. 兔异食癖及其病因和症状是什么？

一些兔除了正常的采食以外，还出现咬食其他物体，如食仔、食毛、食土等，这些现象多为营养代谢病所致，称之为异食癖。

（1）食仔癖：母兔产仔后，将其仔兔部分或全部吃掉。以初产母兔最多，多发生在产后3天以内。其主要原因是：①营养缺乏，尤其是蛋白质和矿物质不足，产后容易出现食仔现象。②母兔在产前和产后没有得到足够的饮水，舔食胎衣和胎盘，口渴而黏腻，此时如果没有提前备有饮水，有可能将仔兔吃掉。③产仔期间和产后，母兔精神高度紧张，如果此时受到噪声、震动或动物等的惊吓，造成精神紊乱，多出现吃仔、咬仔、踏仔或弃仔（不再给仔兔哺乳）等现象。④产仔期间周围环境或垫草有不良气味，如老鼠尿味、发霉味、香水味等，造成母兔的疑惑，从而将仔兔当仇敌吃掉。⑤母兔一旦吃仔，尝到了吃仔的味道，可能在以后产仔时会旧病复发，形成恶癖。

（2）食毛癖：多数情况下患兔没有其他异常现象，开始仅见到个别肉兔被毛不完整，会误认为是脱毛症，后来缺毛面积越来越大，有的整个被毛都被吃掉。仔细观察方知是吃毛。吃毛分自吃和它吃，以它吃为主。在群养时，当1只兔子吃毛，诱发其他肉兔都来效仿，而往往是都集中先吃同一只兔。有的将兔毛吃光后连皮肤也撕破吃掉。吃毛的主要原因是饲料中含硫氨基酸（蛋氨酸和胱氨酸）不足，忽冷忽热的气候是诱发因素，以断乳至3月龄的生长兔最易发病。

（3）食足癖：即肉兔将自己的脚部皮肉吃掉。据调查发现，绝大多数患有腿、脚部骨折、脚皮炎和脚癣等时，由于腿部或脚部肌肉、血管、皮肤和神经受到一定损伤，造成代谢紊乱，使血液循环障碍，代谢产物不能及时排出，脚部末端炎性水肿，刺激肉兔痛痒难忍而发生食足。

（4）食土癖：散养时，发现肉兔舔食地上土，特别是喜食墙根土和墙上的碱屑。调查发现，凡是出现食土的兔场，饲料中均缺乏食盐、钙、磷及微量元素，故认为是因矿物质缺乏所致。

（5）食木癖：肉兔啃食笼舍内的木制或竹制的门窗和器具等。据有关资料认为，这主要是饲料中的粗纤维含量不足，饲料的硬度不够，使肉兔不断生长的门齿得不到应有的磨损所致。

269. 兔异食癖应如何防治？

异食癖是由多种原因所致的代谢疾病。有的是由一种或少数几种原因引起，有的是多种因素所致。应根据具体情况认真分析，查出病因，采取相应措施。

一般来说，预防食仔癖，应保证营养，提供充足的饮水，保持环境安静和防止异味刺激等。母兔在没有达到配种年龄和配种体重时，不要提前交配。对于有食仔经历的母兔，应实行人工催产，并在人工看护下哺乳。一般来说，经过1周的时间，不会再发生食仔现象。

对于有食毛癖的肉兔，应及时将患兔隔离，减少密度，并在饲料中补充0.1%～0.2%含硫氨基酸，添加石膏粉0.5%，硫磺1.5%，补充微量元素等。一般经过1周左右，即可停止食毛。

对食足癖关键在于预防。应在脚踏板上下功夫。保证板条平整，间隙适中，防止兔脚卡在间隙里造成骨折。还应积极预防脚皮炎和脚癣。

对于食土肉兔，按营养需要，在饲料中补加食盐、骨粉和微量元素等，很快即可停止。

对于食木肉兔，在配合饲料中应有足够的粗纤维，提倡有条件的兔场使用颗粒饲料。平时在兔笼的草架里放些嫩树枝或剪掉的果树枝，让其自由采食，既可预防异食，又可提供营养。

（四十二）母兔维生素A缺乏症

270. 什么是母兔维生素A缺乏症？

若母兔缺乏维生素A，不但自身受害，还会殃及子代健康，降低子代体质。因此，防止母兔维生素 A 缺乏症在实际生产中具有十分重要的意义。

维生素 A 缺乏症的临床症状，母兔眼角膜中央或稍偏位置出现模糊的白斑或白带，角膜混浊、粗糙、干燥，眼周围堆积干结痂或脓性分泌物，球结膜边缘发生色素沉积；若不补充维生素 A，则症状进一步恶化，出现完全的角膜炎、虹膜睫状体炎，眼前房积脓，以致永久失明。用显微镜检查，可见视网膜上有白色斑点。缺乏维生素 A 的母兔容易发生不孕或丧失繁殖能力，即使受孕，也会发生早期胎儿死亡，易流产，易产死胎或畸形胎。而对其子代的影响主要表现为：仔幼兔易发生脑积水，发育迟缓，体重减轻，后期出现如转圈、头转向一侧、左右摇摆、四肢麻痹等神经症状，严重时倾跌或后翻，失去控制能力。

271. 母兔维生素 A 缺乏症应该如何防治?

（1）预防：在日常的饲喂过程中多饲喂黄色玉米、胡萝卜、老南瓜、黄心甘薯等饲料，是预防母兔维生素 A 缺乏症的简单易行的好办法。

（2）治疗：①给母兔内服维生素 A 或肌肉注射维生素 A 制剂。内服维生素 A 胶丸，每只母兔内服 600～3 000 单位，每天 1 次，7 天为一个疗程。停 7 天后再服用 7 天，直到母兔康复。②内服鱼肝油，每次 1～2 毫升，若混入饲料，可按每千克饲料加 0.2 毫升的比例加入。③肌肉注射 5 万单位的维生素 A 和 5 000 单位的维生素 D 混合液，每只母兔一次剂量为 0.25 毫升，隔天注射 1 次，连续使用 7 天。

272. 为什么肉兔要补充维生素 A?

饲养肉兔大都以精饲料为主，但也要注意防治肉兔维生素 A 缺乏症。因为在育肥兔的精饲料日粮中，胡萝卜含量会很低，而在进行暗室笼养和强度育肥时，肉兔增重速度快，这时往往也会出现维生素 A 供应不足的现象。另外，秋季的牧草比喂青草的兔易缺维生素 A，因为秋季的青草已开始木质化，粗纤维增多，而胡萝卜素的含量明显降低。因此，秋季饲养肉兔切莫忘记给兔补充一定量的维生素A。当维生素A供应不足时，肉兔将出现采食量下降、增重减慢等现象。在饲养过程中，可采用预防为主的方法，即每日每千克体重可补充维生素A10～20微克，这样，对提高饲料转化率和肉兔的生长发育极为有利。

（四十三）兔维生素D缺乏症

273. 什么是兔维生素D缺乏症？如何防治？

维生素D，又称抗佝偻病维生素。其主要功能是调节钙、磷代谢，促进骨骼和牙齿的钙化和发育。维生素D不足，机体钙磷平衡受到破坏，从而导致与钙、磷缺乏类似的骨骼病变，如软骨病、关节肿大、母兔产后瘫痪、仔兔佝偻病等，为防止维生素D缺乏，除补加维生素D以外，可让兔子多晒太阳，饲喂天然干草，也可获得一定的维生素D。

（四十四）兔维生素E缺乏症

274. 什么是兔维生素E缺乏症？如何防治？

维生素E，又称抗不育维生素。家兔对缺乏维生素E非常敏感，其作用不能被硒协同和代替。当维生素E不足时，会导致兔子肌肉营养性障碍，即骨骼肌和心肌变性，运动失调，瘫痪，还会造成脂肪肝及肝坏死，繁殖机能受损，新生兔死亡，母兔不孕。一般青绿多汁饲料和优质干草中都含有较丰富的维生素E，而蛋白饲料中较缺乏。

（四十五）兔维生素K缺乏症

275. 什么是兔维生素K缺乏症？

维生素K，又称抗出血维生素，是血液凝固所必需的物质。家兔肠道能合成维生素K，合成的数量一般能满足生长兔的需要。种兔在繁殖时必须添加维生素K。饲料中添加抗生素、磺胺药及某些饲料中含有拮抗物如双香豆素，以及肝脏患球虫病时会引起维生素K缺乏。当日粮中维生素K缺乏时，会引起妊娠母兔的胎盘出血、流产等。

（四十六）兔维生素 B_1 缺乏症

276. 什么是兔维生素 B_1 缺乏症？

维生素 B_1，又叫硫胺素、抗神经炎维生素。由于家兔消化道能合成相当数量的维生素 B_1，故其缺乏症较少发生。但当日粮中含有结构与维生素 B_1 相似的拮抗物时，就会发生维生素 B_1 缺乏症，表现为生长受阻，运动失调，后肢瘫痪，痉挛，昏迷直至死亡。

（四十七）兔维生素 B_3 和维生素 PP 缺乏症

277. 什么是兔维生素 B_3 和维生素 PP 缺乏症？

维生素 B_3，又叫泛酸。家兔饲料中泛酸来源广泛，且兔体内也能合成，因此很少发生缺乏症。维生素 PP，又叫烟酸、尼克酸。抗糙皮病因子。当烟酸不足时，家兔表现为丧失食欲，下痢消瘦，生长受阻。家兔与其他家畜一样，在体内可利用色氨酸转化为烟酸。日粮中缺乏烟酸时，添加色氨酸可以防止烟酸缺乏症。另外，家兔的消化道中也能合成烟酸。

（四十八）兔维生素 B_6 缺乏症

278. 什么是兔维生素 B_6 缺乏症？

维生素 B_6，又叫吡哆素，包括吡哆醇、吡哆醛、吡哆胺。当吡哆素缺乏时，家兔生长缓慢，易患皮炎，神经系统受损，表现为运动失调，严重时痉挛。家兔在盲肠中能合成维生素 B_6，但当生产水平高时，需要量也高，故应在日粮中补充维生素 B_6。每千克饲料中加入 40 微克维生素 B_6 可预防缺乏症。

（四十九）兔维生素 B_7 缺乏症

279. 什么是兔维生素 B_7 缺乏症？

维生素 B_7，又叫生物素；一般情况下，家兔肠道能合成维生

素 B_7，可满足需要，但合成的生物素易被某些氨基酸复合体转化为不能吸收的形式，而发生缺乏症，如皮炎、脱毛和痉挛等。

（五十）兔维生素 B_{11} 缺乏症

280. 什么是兔维生素 B_{11} 缺乏症？

维生素 B_{11}，又叫叶酸。叶酸缺乏时，家兔发生巨红细胞性贫血，使生长受阻。家兔的饲料中叶酸来源广泛，且肠道微生物能合成足够的叶酸。但当口服磺胺类药物时，可抑制合成叶酸的微生物生长，引起缺乏症。

（五十一）兔维生素 B_{12} 缺乏症

281. 什么是兔维生素 B_{12} 缺乏症？

维生素 B_{12}，又叫抗恶性贫血维生素。当维生素 B_{12} 缺乏时，家兔生长缓慢、贫血等。一般植物性饲料中不含维生素 B_{12}，但家兔肠道微生物能合成，合成的量受饲料中钴含量的影响。胆碱缺乏时，家兔会出现脂肪肝、肝硬化、肾坏死、贫血、黄疸等。生长停滞，运动失调，成年母兔繁殖机能障碍。

（五十二）兔维生素 C 缺乏症

282. 什么是兔维生素 C 缺乏症？

维生素 C，又叫抗坏血酸、抗坏血病维生素。当缺乏维生素 C 时，贫血，凝血时间延长，影响骨骼发育和对铁、硫、碘、氟的利用。

（五十三）兔胆碱缺乏症

283. 什么是兔胆碱缺乏症？

胆碱通常被包括在维生素之中，以乙酰胆碱的形式存在于某些神经（胆碱能神经）末梢中，完成传导神经冲动的作用。一般家兔较少发生胆碱缺乏症，因为在动物细胞中容易从丝氨酸合成磷脂酰胆碱。一旦发生胆碱缺乏，其临床表现与维生素 B_1 缺乏类相似。

（1）病因：引起胆碱缺乏的主要原因是长期供给蛋白质含量不足或蛋白质质量不佳的饲料。

（2）临床症状：病兔食欲减退，生长发育缓慢，体重逐渐减轻，呈中度贫血。肌肉萎缩、无力。有可能导致衰竭死亡。

（3）病理变化：可见脂肪肝或肝硬变，肌肉萎缩，呈灰白色。在显微镜下可见肝细胞脂肪变性，胆管增生。骨骼肌纹理消失，透明样变。

（4）防治措施：主要是加强饲养管理，平时要喂给质量优良、富含蛋白质的饲料。药物治疗，可皮下注射比赛可灵（氯化氨甲酰甲胆碱）注射液，每次每千克体重 0.05～0.08 毫克，1 天 1 次，根据病情确定是否连续用药。出现中毒症状（流涎、出汗、心跳加速）时，可应用阿托品解毒。

（五十四）兔磷缺乏症

284. 什么是兔磷缺乏症？

磷代谢作用与钙代谢作用有着密切关系，它们以化合物的形式存在于骨骼系统中。而且，磷还参与蛋白质和酶类的构成，同时又以各种形式介入机体的全身物质代谢和细胞的特殊新陈代谢之中，调节生命活动过程。因此，磷属于生命的重要物质。

（1）病因：一是土壤缺磷，所生长的植物也缺磷，作为饲料不能满足兔生长的需要，特别是肉兔、妊娠或哺乳母兔的需要。二是饲料中的钙磷比例失调。良好的比例应该是钙 2 份与磷 1 份，钙比例低时，影响磷的吸收利用。在饲料中，磷的总量约占饲料的 0.5%。

（2）临床症状：患磷缺乏症的肉兔生长发育不良，体重减轻，面骨和长骨端肿大，幼龄兔骨骼变形，与钙缺乏相类似。

（3）实验室检查：血清磷含量大大低于正常值（每升 54.7 毫克）。

（4）防治：保证饲料中钙与磷有足够的含量，合理搭配，适当增补维生素 D，对已发病的兔子，可内服磷酸二氢钠，每次 0.5～

1 克，1 日 3 次；或静脉注射 10%的磷酸二氢钠注射液，每次 0.1～0.5 克，每日 1 次。

第六节　家兔产科病防治技术

（五十五）母兔乳房炎

285. 引发母兔乳房炎的病因有哪些？

乳房炎是产仔母兔常见的一种疾病，常发生于产后 1 周左右的哺乳期，轻者影响仔兔吃乳，重者造成母兔乳房坏死或发生败血症而死亡。本病常因母兔怀孕期饲喂营养过剩、产后乳汁过稠、乳房及产房不洁、哺乳仔兔少、缺乏饮水或乳房外伤引起细菌感染而发生。

（1）由于外伤而引起链球菌、葡萄球菌、大肠杆菌、绿脓杆菌等病原微生物的侵入感染。

（2）笼舍内的锐利物损伤乳房，以及泌乳不足，仔兔饥饿，吮乳时咬破乳头。

（3）产前产后饲喂精料和青饲料过多，使母兔乳汁过多过稠，有些母兔拒绝给仔兔哺乳，均可使乳汁在乳房内长时间过量蓄积而引起乳房炎。

286. 母兔乳房炎有哪些临床症状？

母兔乳房肿胀发红，拒绝给仔兔哺乳，体温明显升高。本病有轻有重，所表现出来的症状也不相同，大致可分为普通乳房炎、乳腺炎和败血型乳房炎三种类型。

（1）普通乳房炎：乳房红肿，乳头发黑、发干，触及皮肤有热感，母兔一般仍能正常哺乳，但哺乳时间较短。

（2）乳腺炎：乳腺炎为化脓菌侵入乳腺所致。发病不久，在乳房周围皮下可摸到山楂大小的硬块。初期皮肤正常，后期皮肤发黑而形成脓肿，最后脓肿破裂，脓液流出，一般可自愈。

（3）败血型乳房炎：患病初期乳房处红肿，而后呈紫黑色，并迅速蔓延至整个腹部，患病兔精神沉郁，体温升高，不活动、不吃食。该类型最为严重，死亡率最高，一般发病 4～6 天死亡。

287. 如何防治母兔乳房炎?

保持兔笼产箱清洁卫生，清除玻璃碴、木屑、铁丝钩刺等锐利物，尤其是笼箱出入口要平滑，以防乳房外伤，定期消毒。产前应加强饲养管理，适当减少精饲料，以防产后乳汁过多。具体防治措施应抓好以下三点：

（1）普通乳房炎：初期应将乳汁挤出，洗净乳房，然后将木工用的水胶炒煳压成粉末加入食醋，边加边搅，搅成糊状，将其均匀地抹在乳房处，每天涂抹 1 次，2～3 天可痊愈。

（2）乳腺炎：初期可局部冷敷，中、后期用热毛巾热敷，也可用青霉素 80 万单位、痢菌净注射液 10 毫升和地塞米松 1 毫升，分 2 次肌肉注射，每天早、晚各 1 次，连用 3 天，症状即可消失、痊愈。

（3）败血型乳房炎：可局部封闭注射，用鱼石脂软膏涂抹。严重时可切开脓疱，排除脓血，切口用消毒纱布擦净，撒上消炎粉。同时做全身治疗，注射抗生素或口服磺胺类药物。

（五十六）母兔缺乳和无乳症

288. 什么是母兔缺乳和无乳症?

母兔泌乳量减少叫缺乳，母兔泌乳停止叫无乳，二者均是哺乳期母兔常见疾病之一。

乳房炎是产仔母兔最为常见的一种疾病，常发生于产后 1 周左右的哺乳期。轻者影响仔兔吃乳，重者造成母兔乳房坏死或发生败血症而死亡。本病常因母兔怀孕期饲喂营养过剩、产后乳汁过稠、乳房及产房不洁、哺乳仔兔少、缺乏饮水或乳房外伤引起细菌感染而发生。

289. 引发母兔缺乳和无乳症的病因有哪些?

各种原因所致的营养不良是母兔缺乳和无乳的常见原因。如饲料搭配不合理，营养不全面，尤其是怀孕后期和哺乳期缺乏优质的青绿多汁饲料；母兔患有某些寄生虫病和其他慢性消耗性疾病所致的消化不良和营养吸收障碍。此外，配种过早、乳腺发育不良，或年龄过大、乳腺萎缩以及激素分泌紊乱，乳腺本身的疾患等都可成为缺乳和无乳的病因。

290. 母兔缺乳和无乳症有哪些诊断要点？

仔兔吃奶次数增多，但吃不饱，在巢箱内爬动、鸣叫，逐渐消瘦，增重缓慢，发育不良，甚至因饥饿而死亡。母兔不愿哺乳，乳房和乳头松弛、柔软或萎缩变小，乳腺不发达，用手挤时挤不出乳汁或量很少。

291. 如何防治母兔缺乳和无乳症？

（1）预防：首先改善饲养管理，喂给母兔全价饲料，增加精料和青绿多汁饲料。防止过早配种，淘汰过老母兔，选育饲养母性好泌乳足的品种。

（2）治疗：

① 药物治疗上可选用催乳和开胃健脾的中草药，如王不留行、天花粉各 30 克，漏芦 20 克，僵蚕 15 克，猪蹄 1 只，水煮后分数次调拌在饲料中喂给。

② 王不留行 20 克，通草、穿山甲、白术各 7 克，白芍、山楂、陈皮、党参各 10 克，共研为末，分数次调在饲料中喂给。

③ 内服人用催乳灵 1 片，每日 1 次。连用激素治疗，用垂体后叶素 10 单位皮下或肌肉注射，苯甲酸雌二醇 0.5～1.0 毫升注射。

292. 如何根据不同的母兔进行催乳？

（1）初产母兔：初产母兔缺乳多由泌乳系统发育不充分或母性不强、产前未拉毛或饲料营养缺乏、供应不足所致。应加强营养，调整饲料结构，未拉毛的母兔，将其乳头周围的毛拉光，以刺激乳腺。也可用温淡盐水擦洗乳房后，按摩 1～2 次，促进乳腺发育和泌乳。另外，取花生米 7～8 粒，用温水浸泡 1～2 小时后拌料喂兔，连喂 2～3 次，乳汁会明显增多。

（2）经产母兔：经产母兔缺乳多因乳房炎或其他疾病所致。减少精料喂量，多喂青绿多汁饲料。用新鲜蒲公英、车前草、黄芪、王不留行等喂兔，连喂 2～4 天。

（3）肥胖母兔：母兔过肥也会导致泌乳减少或缺乳。促乳素皮下注射 1～2 毫升，每天 2 次，并适当降低饲料能量和蛋白质水平。

（4）瘦弱母兔：瘦弱母兔缺乳多因营养不良或患病所致。加喂营养丰富、蛋白质含量高的草料。同时取鲜蚯蚓 1～2 条用开水泡至发白，切碎拌红糖喂兔，每天 1～2 次；也可将蚯蚓晒干粉碎拌入饲料中喂兔。

（5）多仔母兔：母兔产仔超过 10 只，其乳汁往往难以满足仔兔的需要。除加强营养外，可采取一分为二哺乳法，即将仔兔按个体大小、体质强弱分成两组，让母兔分两次定时哺乳，早晨先喂体小的一组（因此时乳汁多），傍晚喂体大的一组。

（五十七）兔生殖器炎

293. 引发兔生殖器炎的病因有哪些？

通常是在配种、分娩、难产时受损伤或因笼舍地面污秽不洁，感染而发生，也可继发于其他疾病。

母兔发情后交配不及时，外阴唇与笼底摩擦感染而发炎。

公兔包皮内蓄积的污垢刺激或卧于被粪尿污染的垫草上而发炎，也可因交配互为感染。睾丸外伤、寄生虫寄生等可引起睾丸炎。睾丸炎也可继发于副伤寒、兔梅毒等传染病。

294. 如何对生殖器炎进行诊断？

根据炎症的性质，可将生殖器炎症分为黏液性、黏液脓性、脓性及蜂窝组织炎性等数种，轻的表现局部症状，重的则出现体温升高、食欲减退等全身症状。

（1）阴部炎：外阴唇肿大、潮红湿润，有痒感，可发生溃烂、结痂。母兔拒配。

（2）阴道炎：从阴道内流出不同性状的分泌物，常附着在阴门及尾毛上，形成薄痂。排便时呻吟、拱背。阴道黏膜肿胀、充血及溢血，甚至形成脓肿和溃烂，疼痛。

（3）子宫内膜炎：急性的，多发于产后及流产后，全身症状明显，时常努责，有时随同努责从阴道内排出较臭、污秽不洁的红褐色黏液或脓性分泌物。慢性的，全身症状不明显，周期性地从阴道内排出少量混浊的黏液，即使发情也屡配不孕。慢性的多因急性子宫内膜炎治疗不及时转化而成。

（4）包皮炎：包皮肿大、热痛、有痒感。排尿时小心，尿流不整齐，有的呈喷洒状流出，包皮内常有垢块，坚硬如石。严重的排尿困难。

（5）睾丸炎：睾丸实质肿胀、增温、疼痛，精索变粗，阴囊皮肤呈炎性浸润。可化脓破溃，甚至蔓延继发化脓性腹膜炎，病兔不愿走动。

295. 如何防治兔生殖器炎？

（1）兔阴部炎：治疗可用绿茶 10 克、葫芦茶 10 克、土茯苓 10 克、蒲公英 10 克、野菊花 10 克。方法是将绿茶用沸开水浸泡，中药水煎，两样水混合，留一些内服，其余趁热先熏后洗阴部，每日 2 次。

（2）兔阴道炎：母兔患阴道炎后，可用青霉素 40 万单位、链霉素 50 万单位、15 毫升生理盐水的配合溶液，按每只 3 毫升的量，冲洗阴道。

（3）睾丸炎：局部可温敷，化脓性睾丸可去势。也可服用具有清热解毒、抗菌消炎、收敛止痒功效的中草药。

（4）子宫内膜炎：为促进子宫内分泌物的排出，可使用子宫收缩剂，如皮下注射垂体后叶素 2 万～4 万单位。

（5）包皮炎：可用 1∶5 000 高锰酸钾、3％双氧水等溶液洗涤，然后涂搽抗生素软膏。

（五十八）兔子宫出血

296. 引发子宫出血的病因有哪些？

子宫出血是由于绒毛膜或子宫壁的血管破裂所引起。主要是孕兔腹部直接受暴力作用，使孕兔子宫壁血管（母体血管或绒毛膜血管）损伤、破裂所致。此外，胎儿生长过大、分娩时间过长、子宫肿瘤以及流产后均可发生子宫出血。

297. 子宫出血有哪些诊断要点?

出血少时，血液积于子宫壁与胎膜之间，不向外流出，不易确诊，可见先兆性流产的症状。出血量大时，除腹痛不安、频频起卧等流产预兆外，阴道流出褐色血块，严重时黏膜苍白，肌肉颤抖，甚至死亡。

298. 子宫出血有哪些防治措施?

防止孕兔腹部受到暴力袭击，发现子宫出血后孕兔应安静休息，同时腰部冷敷。禁用强心和输液疗法，少做不必要的阴道内检查。可皮下注射 0.1%肾上腺素 0.05 毫升或应用其他止血药。病兔兴奋不安时，可给予镇静剂。出血不易制止、危及病兔生命时，应及时行人工流产，流产后注射垂体后叶素、麦角新碱注射液，或内服麦角精 1/4 片，以促使子宫收缩，制止出血。

（五十九）兔流产与死产

299. 什么叫流产与死产?

母兔怀孕中止，排出未足月胎儿称为流产；怀孕足月但产出已死的胎儿称为死产。

300. 引起流产与死产的病因有哪些?

引起流产与死产的原因很多。各种机械性因素，如剧烈活动、捕捉保定方法不当、摸胎（妊娠检查）用力过大、产箱过高、洞口太小或笼舍狭小使腹部受挤压撞击等均可造成流产。音响，猫、狗窜入受到惊吓，饲料营养不全价，尤其是某些维生素和微量元素含量不足，饲料中毒，生殖器官疾病，以及某些急性热性传染病和重危的内外科疾病，也可引起流产与死产。有些初产母兔在产第一窝时高度神经质，母性差，也会造成死产。另外，内服大量泻剂、利尿剂、麻醉剂等也能引起流产与死产。

301. 流产与死产有哪些诊断要点?

一般在流产与死产前无明显症状，或仅有精神、食欲的轻微变化，不易察觉到，常常是在笼舍见到母兔产出未足月胎儿或死胎时才发现。怀孕初期，流产可为隐性，即胎儿被吸收，不排出体外，误认为未孕。有的怀孕15天左右，衔草拉毛、产出没成形的胎儿，有的提前3～5天产出死胎；有的东产一只，西产一只，延续2～3天；有的产出部分死胎、部分活胎。产后多数体温升高，食欲不振，精神不好，个别病兔可继发阴道炎、子宫炎，造成屡配不孕。

302. 流产与死产有哪些防治措施?

(1) 保胎：当发现怀孕母兔出现流产先兆，但子宫颈口尚未开张，流产未发生时，要将母畜安置在安静的舍内，减少不良刺激，同时给以保胎和镇静药，如孕酮、安溴、阿托品、维生素E等。

(2) 促流：当发现怀孕母兔已发生流产、胎儿已死或子宫颈口开张、胎膜已破时，保胎已失去意义，可采取促使胎儿尽快排出，以免引起其他不良后果，同时有利母兔繁殖机能的尽快恢复。

促产的方法是强力扩张子宫颈牵引胎儿。或大剂量注射已烯雌酚，使子宫颈开张，子宫收缩，促使胎儿排出。对胎儿浸溶的病畜，要反复冲洗子宫和取出骨片。必要时也可施行剖腹取胎。

(3) 流产后母畜的处理：流产后的母兔要加强饲养管理，必要时可用防腐消毒液冲洗子宫。

(4) 防止早配和近亲繁殖，发现有流产预兆的母兔，可肌肉注射黄体酮15毫克保胎。

(六十) 兔难产

303. 引起难产的病因有哪些?

家兔难产的原因主要有：产力不足、产道狭窄和胎儿异常。饲养管理不当，使母兔过肥或瘦弱，运动和日照不足等，可使母兔产力不足。早配、骨盆发育不全、盆骨骨折、盆腔肿瘤等，可造成产道狭窄而难产。胎势不正，或胎儿过大、过多、畸形、胎儿气肿，以及两个胎儿同时进入产道，都可成为难产的原因。

304. 兔难产的症状有哪些?

孕兔已到产期，拉毛做窝、子宫阵缩努责等分娩预兆明显，但不能产出仔兔。或产下部分仔兔后仍起卧不安，频频排尿，触摸腹部仍有胎儿，有时可见胎儿部分肢体露于阴门外。

305. 如何防治兔难产？

应根据原因和性质，采取相应的助产措施。对产力不足者，可应用脑垂体后叶素或催产素，配合腹部按摩助产。配种后31天仍未产仔时，应检查母兔，如确认正常怀孕，应用脑垂体后叶素或催产素催产，以免难产。催产无效或因骨盆狭窄及胎头过大，胎位、胎向、胎势不正不能产出时，可消毒外阴部，产道内注入温肥皂水或润滑剂，矫正胎位、胎向、胎势后将仔兔拉出。拉出困难，或强拉会损伤产道时，可分割胎儿或作剖腹取胎。

家兔剖腹产时，取仰卧或侧卧保定，在耻骨前沿腹正中线，术部剃毛，用75%酒精或0.1%新洁尔灭液消毒，0.5%盐酸普鲁卡因液局部浸润麻醉，切开腹壁，取出子宫，并用大纱布围裹，与腹壁隔离，切开子宫，取出胎儿及胎衣，清洗消毒、缝合、还纳子宫，常规方法缝合腹膜、腹肌及皮肤。术后应用抗生素注射3～5日。

（六十一）兔阴道脱出和子宫脱出

306. 引起阴道和子宫脱出的病因有哪些？

阴道壁一部分或全部突出于阴门外，称为阴道脱出，产前产后均可发生，尤以产后多发，子宫一部分翻转形成套叠，或全部翻转脱出于阴门外，称为子宫脱出，通常发生于产后数小时内。

固定阴道的组织较松弛，这是内因，腹内压增高及过度努责是发生阴道脱出的直接原因。分娩后数小时，子宫尚未完全收缩，子宫颈口仍然开张，子宫体、子宫角容易翻转脱出。难产时助产不当也可造成本病。

此外，饲养管理不当、体质瘦弱、运动不足、剧烈腹泻等，也可成为本病的诱因。

307. 如何诊断阴道脱出和子宫脱出？

阴道不全脱出时，脱出部分较小，呈球形，站立时腹压小，可自行缩回，阴道全脱时，呈红色，球柱状脱出阴门外，不能缩回。脱出物可淤血、水肿、损伤、发炎及坏死，子宫套叠时，常拱背、举尾、频频努责，做排尿姿势，有时排出少量粪尿，阴门外见不到脱出物，用手指伸入产道，可摸到套叠的子宫角。子宫全脱时，脱出物很像肠管，但其表面有许多横褶，脱出的子宫有时可将卵巢或子宫系膜扯断，造成内出血。

308. 如何防治阴道脱出和子宫脱出？

（1）用3%温明矾液或0.1%高锰酸钾液清洗子宫黏膜上的被毛、褥草、粪便等污物。如脱出时间长并有水肿者，用5%～10%浓盐水清洗，使其脱水。在子宫黏膜上撒布少许青霉素粉和链霉素粉。整复方法是助手提起兔两后肢，术者一手轻轻托起子宫角，另一手细心地将子宫从四周轮换推入腹腔，再提起后肢左右摇摆几次，并拍击患兔臀部，促使子宫复位。

（2）青霉素10万单位，链霉素100毫克，肌肉注射，每日2次，连用2天。

（3）磺胺二甲嘧啶1片（0.5克），内服，每日2次，连服2天。

（六十二）兔不孕症

309. 引起母兔不孕症的病因有哪些？

（1）营养性不孕：机体内缺乏各种营养物质，特别是蛋白质和葡萄糖时，则出现营养不良，整个机体能量和新陈代谢受到障碍，生殖系统发生机能性和其他变化造成不孕。

（2）维生素A不足：维生素A不足时，能影响机体内蛋白质的合成，造成矿物质和其他代谢障碍，生长发育停滞，内分泌腺萎缩，激素分泌不足，子宫黏膜上皮变性，卵泡闭锁或形成囊肿，使母兔不能发情和排卵。

（3）维生素B_1缺乏：维生素B_1缺乏时，子宫收缩机能减弱，卵细胞生成和排卵遭到破坏，长期不发情而造成不孕。

（4）维生素E缺乏：维生素E不足时，可引起妊娠中断、死胎、弱胎或隐性流产（胚胎消失），长期缺乏，则使卵巢和子宫黏膜发生变性，造成永久性不孕。

（5）钙、磷等矿物质不足：钙、磷等矿物质不足时，可导致各器官的机能再生障碍，其中繁殖机能障碍表现较早。所以，钙磷是保证兔健康、生长繁殖不可缺少的营养物质。

（6）过肥造成不孕：长期饲喂过多的蛋白质、脂肪和碳水化合物饲料，运动量减少，母兔过肥后使卵巢脂肪沉积，卵泡上皮变性而造成母兔不发情、不孕。

（7）繁殖器官疾患：阴道闭锁，子宫发育不全，缺少子宫角、子宫颈，卵巢机能不全、卵巢炎、输卵管炎、子宫内膜炎、子宫蓄脓、阴道炎等。

（8）公兔方面引起的不孕：睾丸发育不良，精子生成迟缓，出现畸形精子，精子数量和精液量降低，精子活力差，性欲缺乏，交配困难等而造成不孕。

310. 如何防治母兔不孕症？

导致母兔不孕症的因素极为复杂，为了防治不孕症，首先应查明原因，然后对症下药。

（1）维生素 A 不足的防治：维生素 A 在动物体内主要存在于肝脏中。植物中的胡萝卜素可在动物体内转化为维生素 A，多供应些青草和质量好的干草、胡萝卜、南瓜等；喂给维生素 A 治疗，如浓缩鱼肝油或维生素 A 制剂，胶丸含 2.5 万国际单位，常用量为每只每次 1 粒。

（2）维生素 E 不足的防治：一般每千克体重每天需维生素 E0.32～1.4 毫克，母兔可在每千克饲料中加入 16.7 毫克维生素 E；在饲料中加入一些植物油如豆油、花生油等，可以补充维生素 E 的不足；皮下或肌肉注射维生素 E20～30 毫克。应用维生素 E 的同时，最好还应用亚硒酸钠，每千克体重注射 0.2 毫克。

（3）维生素 B_1 不足的治疗：维生素 B_1 不足是由于组织中缺乏硫胺素所致。硫胺素在新鲜蔬菜、米糠、麦麸、豆类、酵母中含量较多。因此，宜在饲料中适当搭配。治疗：口服硫胺素片，每次 2

片。针剂肌肉注射每日每次 2 毫升。口服核黄素片，每次 2 片，每日 2 次。

（4）子宫内膜炎的治疗：肌肉注射已烯雌酚 0.5～1 毫克，或垂体后叶激素 5～10 国际单位；每天 1 次生理盐水冲洗，每日 2～4 次。

（5）子宫蓄脓的防治：为排出子宫积脓，先注射已烯雌酚 0.2～0.5 毫克，3～5 天后再注射脑垂体后叶激素 2～3 国际单位，同时注射抗生素和进行适当排液。

（6）阴道炎治疗：冲洗阴道，为使阴道内渗出物尽快排出，可用生理盐水、0.1%高锰酸钾、冲洗阴道；药膏涂擦，在冲洗之后，可在阴道黏膜上涂搽碘甘油、磺胺软膏或青霉素药膏。

（7）保持空怀母兔的适当肥度：空怀母兔应保持七八成膘，过肥和过瘦都会影响发情和配种。对长期照射不到阳光的母兔，应调换到光线充足的笼舍内，以促进机体的新陈代谢，对长期不发情的母兔，可采用公兔诱导法和人工催情。

（8）饲料添加：在饲料中拌喂 10%的淫羊藿，促使发情。也可喂大麦芽，每天 50 克，连喂 15 天。取巴戟天、肉苁蓉、党参各 10 克，补骨脂 8 克，当归 6 克，附子、甘草各 3 克，用水 200 毫升煎成浓度为 20%的药液，适量加糖，内服，每次服 10 毫升，每天服 3 次。

（六十三）兔宫外孕

311. 引起兔宫外孕的病因有哪些？

有原发生和继发性两种，前者少见，后者多见；输卵管破裂或难产等原因引起子宫破裂，均可造成宫外孕。宫外孕由于胎盘附着异常，血液供应不足，胎儿生长至一定程度即归死亡。

312. 兔宫外孕的诊断要点有哪些？

患兔一般精神及食欲无明显变化，但母兔拒配而不孕，腹围较大，手摸时可触知腹腔内有肿块，子宫发育正常，子宫壁未见异常。偶尔可引起内出血。胎儿外部常有一层较薄的膜或脂肪包裹着，多数已发育完全，胎头较大，呈木乃伊状。

313. 如何防治宫外孕？

防止母兔腹部受到撞击，妊娠检查摸胎时动作要轻柔。本病确诊后，经剖腹手术取出死胎，预后良好，但母兔应淘汰，育肥作食用。

（六十四）兔产后瘫痪

314. 引起产后瘫痪的原因有哪些？

本病以母兔产仔后突然不食或跛行、瘫痪为主要特点。

母兔产后消化机能紊乱或减弱，是由于饲喂精料过多或吞食胎盘，引起消化不良，导致厌食。多为产仔数多，产仔胎次过密，母兔营养不良，产仔时用力努责，产后腹压突然降低，产后极度疲乏，影响了正常的消化运转，体质虚弱，造成食欲下降。由于产后外阴及产道感染、发炎，体温升高，引起腹痛厌食。严重的造成跛行或瘫痪。

315. 产后瘫痪的诊断要点有哪些？

本病诊断较为容易，病兔轻的少食，重的不食，排便减少或不通。产仔后，轻的跛行，重的四肢尤其是后肢麻痹，不能站立。有时可伴有子宫脱出。

316. 如何防治产后瘫痪？

（1）预防：平时合理搭配饲料，注意日粮的可消化程度及钙、磷、食盐等矿物质的补充。

产后注意多喂青绿多汁饲料，不要突然一次投喂大量精饲料。

注意不要频密繁殖，对断奶后母兔及体质虚弱的母兔，要及时补充丰富的营养，恢复体质后再配种生产。

注意笼舍干燥，卫生和食具消毒，特别是对产箱及垫草，要严格消毒或日晒后使用，防止细菌感染外阴及产道，引起产后风。

（2）治疗：由于喂大量精饲料引起的不食，可用食盐 25 克、红糖 20 克、生姜末 10 克混合均匀，酌量灌服。也可用庆大霉素 4 万～8 万单位，维生素 C 1 支，肌内注射后促使运动，或用爱茂尔

2 毫升，维生素 B_{6} 1 毫升肌内注射。

由于营养性缺钙，或缺磷引起的产后不食，或跛行、瘫痪，可静脉注射葡萄糖酸钙 5～10 毫升，皮下注射维生素 D 1 毫升，或肌内注射复合维生素 B 2 毫升，以促进神经功能的恢复。

因产道发炎或发热引起的不食，可用青霉素 10 万～20 万单位，维生素 C 1 支肌内注射。每天 2 次，病好为止；或用磺胺类药物治疗。

（六十五）母兔吞食仔兔癖

317. 引起母兔吞食仔兔的病因有哪些？

母兔吞食仔兔是一种新陈代谢和营养缺乏的综合征，是母兔的一种病态恶癖。

引起母兔吞食仔兔的原因是多方面的，如母兔自身缺乏食盐或长期供应饮水不足，饲料中钙磷不足，某些蛋白质和维生素 B 族缺乏，以及其他营养物质供应不足而发生吞食仔兔的恶癖；母兔在分娩时受到惊扰，产仔箱有异味，也会发生吞食仔兔现象。

318. 吞食仔兔癖的症状有哪些？

其症状有吞食刚生下或产后数天的仔兔。有时将仔兔全部吃光，有时吞食一部分，有时将仔兔的耳、脚咬去。

319. 如何防治母兔吞食仔兔癖？

（1）怀孕母兔要饲喂全价配合饲料，增喂富含蛋白质、矿物质、维生素的饲料，并经常喂给青绿多汁饲料。

（2）产前给予足够的饮水，产后要及时饮淡盐水。

（3）兔舍要保持干净。产仔时不要围观或大声喧哗。

（4）有吞食仔兔癖的母兔产仔后母兔和仔兔要分开，进行定时哺乳。

（5）在母兔分娩前 3～5 天，把产箱洗净、消毒，放在阳光下晒干，然后铺上干净的垫草，放在母兔笼内。同时，不能用带有异味（如化妆品味）的手乱摸仔兔，以免母兔闻到后不认仔兔而发生食仔现象。

（六十六）兔妊娠毒血症

320. 引发妊娠毒血症的病因有哪些？

本病是孕兔妊娠后期常见的致死性代谢性疾病，经产兔和肥胖母兔多发。首先是体内肝糖原被消耗，接着动员体脂去调节血中葡萄糖平衡，结果造成大量脂肪积聚于肝脏和游离于血液中，造成脂肪肝和高血脂，肝功能衰竭，有机酮和有机酸大量积聚，导致酮血症和酸中毒；大量酮体经肾脏排出时，又使肾脏发生脂肪变性，有毒物质更加无法排出，造成尿毒症；同时因机体不能完成调节葡萄糖平衡而出现低血糖。因此，妊娠毒血症是酮血症、酸中毒、低血糖和肝功能衰竭综合征。

321. 妊娠毒血症有哪些症状？

轻者症状不明显，重者可见精神沉郁，呼吸困难，尿量严重减少，呼出气体有酮味。死前可发生流产、共济失调、惊厥及昏迷等症状。血液学检查非蛋白氮升高，钙减少，磷增加，丙酮试验阳性。

剖检可见母兔体肥，乳腺分泌旺盛，卵巢黄体增大，肝、肾、心脏苍白，脂肪变性，脑垂体变大，肾上腺及甲状腺变小、苍白。

322. 如何防治妊娠毒血症？

治疗原则是补充血糖，降低血脂，保肝解毒，维护心肾功能。

首先，可静注25％～50％葡萄糖20毫升，同时可静注维生素C_2毫升，肌注维生素B_1、维生素B_2各2毫升。

预防上，在妊娠后期防止营养不足，应供给富含蛋白质和碳水化合物并易消化的饲料，不喂劣质饲料。同时应避免突然更换饲料及其他应激因素。对肥胖、怀胎过多过大，以及易发生本病的品种，可在分娩前后适当补给葡萄糖，以防止妊娠毒血症的发生与发展。

（六十七）初生仔兔死亡

323. 初生仔兔死亡的原因有哪些？

（1）初生仔兔没吃到或没吃足初乳。仔兔出生后12小时内要检查仔兔吃奶情况，如果母兔乳头为苍白色，说明仔兔没吃到初乳。此时要及时让母兔哺乳，对于不喂奶的母兔要强制哺乳；如果检查母兔乳头有红点，而且仔兔安睡不动，呼吸均匀，腹部臌胀红润，表明仔兔已吃到初乳。

（2）冬季产仔时母兔不拉毛或没把仔兔产到产仔箱内，使刚生下的仔兔冻死。母兔分娩前 3 天就要铺好产仔箱，母兔产仔后如没拉毛，可进行人工拔毛，将母兔腹部的毛拔下一部分盖到仔兔身上。人工拔毛既有利于母兔泌乳，又可给仔兔保温。

（3）仔兔出生后被母兔吃食。母兔分娩前后都要供给充足清洁的饮水，同时保持兔舍安静，尽量避免惊扰孕兔。

（4）母兔产仔数量太多，母乳不足，使部分仔兔吃不足奶，营养缺乏，体质衰弱而死。可根据母兔的泌乳能力，对同一天出生或出生时间不超过 1～2 天的仔兔进行调整。

方法：将仔兔从产仔箱内取出，按体形大小和体质强弱进行分窝，对重新分过窝的仔兔要继续观察哺乳情况。

（5）仔兔患黄尿病致死。仔兔患黄尿病是因吃了患有乳房炎母兔的乳汁所致。母兔分娩后服用复方新诺明半片，每天一次，连用 3 天，可预防母兔分娩后因泌乳过多、乳汁过稠而导致的乳房炎；对于已患乳房炎的母兔，禁止其为仔兔哺乳，可把仔兔分到其他的窝内；已患病的仔兔可滴服庆大霉素，每日 2 次，每次 3～5 滴，连用 3～5 天。

（6）吊乳。母兔乳汁少，仔兔不够吃，长时间吸住乳头，当母兔离开产仔箱时将正在吃乳的仔兔带出产仔箱，或母兔哺乳时突然受到惊吓，惊慌离开产仔箱，致使被带出产仔箱外的仔兔冻死或让母兔踩死。

发现这种情况后，要及时把仔兔放回产仔箱内，并查明原因。如因母兔奶水不足所致，应及时调整日粮，多喂精料、青绿多汁饲料。如果是因饲养管理不善引起的惊吓，应注意保持舍内安静。被带到产仔箱外冻僵的仔兔，应马上放入人的怀内取暖，或放进 40 ℃ 的温水中并露出口鼻，以使其尽快苏醒。

324. 初生仔兔死亡的症状有哪些?

仔兔由于饥饿表现不安，触之全身冰凉，体表发红或被毛竖立，常被抛出窝外，表现呆滞，行动不活跃，病仔兔昏睡。后肢常被黄色尿液和稀粪污染、腥臭，严重时出现濒死状态，随之死亡。

剖检：尸体消瘦，脱水，肠胃空虚或膀胱积存黄色尿液，胃肠积粪腥臭难闻。

325. 如何防治初生仔兔死亡?

(1) 保持笼舍温暖，冬季使舍温不低于5～15℃，确保饮水不结冰，否则应生火取暖。

(2) 由乳房炎引起的拒哺，内服或肌注抗菌消炎药，如磺胺嘧啶、青霉素、大黄藤素等对症施治。

(3) 由无乳引起的拒哺，一方面加强营养，另一方面补喂一些催乳药物，如生花生米催乳片等，如不行可进行人工哺乳。

(4) 仔兔由黄尿病、急性肠炎引起的死亡，在治疗母兔乳房炎的基础上，结合仔兔滴服氧氟沙星滴液，疗效更佳。

第七节　家兔中毒病防治技术

(六十八) 兔霉变饲料中毒

326. 引起霉变饲料中毒的病因有哪些?

饲料被烟曲霉、镰刀菌、黄曲霉菌、赭曲霉、白霉菌、黑霉菌等污染，霉菌产生毒素，家兔采食霉变饲料而发生中毒。烟曲霉菌的营养菌丝有隔膜；分生孢子梗直立，顶囊呈倒烧瓶状，直径为20～30微米，与分生孢子梗一样带绿色。分生孢子呈球形或近球形，淡绿色，表面有细刺，直径为2～3微米。在察氏培养基上28℃培养，最初为白色绒毛状菌落，形成孢子时呈蓝绿色，进而变成烟绿色。

327. 霉变饲料中毒的临床症状有哪些？

由于毒源极多，症状复杂。病兔口唇、皮肤发紫，全身衰弱、麻痹，初期食欲减退甚至拒食，精神不振，可视黏膜黄染，被毛干燥粗乱，不愿活动，常将两后肢膝关节凸出于臀部呈山字形爬卧在笼内。粪便软稀、带有黏液或血液。随看病情加重，出现神经症状，后肢软瘫，全身麻痹死亡。日龄小的仔兔、幼兔及日龄大而体弱的兔发病多，死亡率高。妊娠母兔可发生流产，发情母兔不受孕，公兔不配种。

328. 霉变饲料中毒有哪些病理变化？

剖检可见肠胃有出血性坏死性炎症，胃与小肠充血、出血；肝肿大、质脆易碎，表面有出血点；肺水肿，表面有小结节；肾脏淤血。

329. 如何防治霉变饲料中毒？

平时应加强饲料保管，防止霉变。霉变饲料不能喂兔。霉菌中毒尚无特效、特定的药物治疗，一般采取对症治疗措施。首先停喂有毒饲料，采取洗胃的办法清除毒物。如出现肌肉或全身痉挛，可肌肉注射盐酸氯丙嗪 3 毫克/千克体重。也可试用制霉菌素、两性霉素 B 等抗真菌药物治疗。饮用稀糖水和维生素 C 水，或将大蒜捣烂，每只成年兔每日 2～5 克，分 2 次拌料饲喂，亦有一定疗效。病情严重者，可静脉注射 10%葡萄糖 6 毫升/千克，维生素 C_2 毫升/千克。

（六十九）兔有机磷农药中毒

330. 引起有机磷农药中毒的病因有哪些？

有机磷农药是我国目前应用最广泛的一类高效杀虫剂，引起家兔中毒的主要农药有 1605、1059、3911、马拉硫磷、乐果等。家兔中毒多是由于采食了喷洒过这类农药的蔬菜、青草等引起，有些则是由于用敌百虫治疗体表寄生虫病时引起的。当有机磷农药经消化道或皮肤等途径进入机体而被吸收后，则使体内乙酰胆碱在胆碱能神经末梢和突触部蓄积而出现一系列临床症状。

331. 有机磷农药中毒的临床症状有哪些？

家兔常在采食含有有机磷农药的饲料后不久出现症状，初期表现流涎，腹痛，腹泻，兴奋不安，全身肌肉震颤、抽搐，心跳加快，呼吸困难等症状，严重者表现可视黏膜苍白，瞳孔缩小，最后昏迷死亡。轻度中毒病例只表现流涎和腹泻。

332. 有机磷农药中毒的病理变化有哪些？

急性中毒病例，剖开肠胃，可闻到肠胃内容物散发出有机磷农药的特殊气味，胃肠黏膜充血、出血、肿胀，黏膜易剥脱，肺充血、水肿。

333. 如何对有机磷农药中毒病进行诊断？

中毒兔有与有机磷农药接触病史，并且症状与病变典型，一般可做出诊断。必要时采肠胃内容物作毒物鉴定。

334. 如何防治有机磷农药中毒？

喷洒过有机磷农药尚有残留的各种植物不能用来喂兔。用有机磷药物进行体表驱虫时，应掌握好剂量与浓度，并加强护理，严防舔食。经口中毒的可用清水洗胃或盐水洗胃，并灌服活性炭。此外，还应迅速注射解磷定和阿托品，解磷定按 15 毫克/千克体重静脉或皮下注射，每日 2～3 次，连用 2～3 天；阿托品每次皮下注射 1～2 毫升，每日 2～3 次，直至症状消失为止。

（七十）兔有机氯中毒

335. 引起有机氯中毒的病因是什么？

有机氯毒物主要有农药“六六六”、“滴滴涕”，由于其化学性质稳定，在饲料、饮水中的残效期长，农作物副产品、籽实及草料被污染的可能性较大，家兔采食后易引起中毒。

336. 有机氯中毒的临床症状有哪些？

中毒后，兔表现为精神较差，无食欲或表现兴奋、痉挛，呼吸和心跳加快，嘴唇发绀，瞳孔散大，死亡率高。

337. 如何防治有机氯中毒？

有机氯中毒尚无有效的治疗方法，一般采取对症治疗，如中断毒源，灌服 2%的碳酸氢钠或石灰水，也可灌服盐类泻药。皮肤中毒可用肥皂水、石灰水冲洗后，再用清水冲洗。

（七十一）兔马杜霉素中毒

338. 发生马杜霉素中毒的原因是什么？

马杜霉素是一种新的聚醚类抗生素，属于离子载体型抗球虫药，用马杜霉素制成的商品多种多样，如抗球王、杜球等。此药主要用于抗鸡球虫病，但毒性较大，易发生中毒。马杜霉素用于家兔极易发生中毒。

339. 马杜霉素中毒有哪些症状？

饲料中混入过量马杜霉素会引起兔的急性中毒，发病急，死亡快。累积性中毒时表现为拒食，精神委顿，流涎，伏卧，嗜睡，共济失调等。

340. 马杜霉素中毒有哪些病理变化？

剖检可见心包积液，心肌松软；肝脏肿大，质脆；肺水肿，有斑点状出血；胃黏膜脱落，胃底部出血明显；肠道出血，黏膜脱落；肾脏肿大，皮质出血等。

341. 如何防止马杜霉素中毒？

禁止使用含马杜霉素的抗球虫药。目前尚无有效的解毒药物。发现中毒后应清除所有有毒饲料，更换新鲜饲料，供给含有多种维生素、葡萄糖的清洁饮水。但治疗效果不理想。

（七十二）兔棉籽饼中毒

342. 如何防治兔棉籽饼中毒？

农户养兔常因喂生的饼类而中毒，喂量大是其原因之一。防中毒既要讲究方法，又要注意与其他饼类搭配，一般用5%左右。常用脱毒法是用水煮开，最好保持80℃以上3～5小时，此外，还有其他方法。如棉籽饼的硫酸亚铁脱毒法：先将棉籽饼粉碎，按重量的0.05%加入硫酸亚铁，再加入适量水，拌匀，使棉酚与硫酸亚铁结合而脱毒。注意将棉籽饼粉碎细些，适当多加些水效果更好，以使作用更充分。菜籽饼青贮脱毒法：将菜籽饼粉碎，按配料的比例加入青料中进行青贮，发酵后在酸性环境下使毒素破坏而脱毒。

（七十三）兔食盐中毒

343. 如何防治兔食盐中毒？

食盐中毒初期，食欲减退，精神沉郁，结膜潮红，下痢，口渴，兴奋不安，头部震颤，步履蹒跚，重者跆拐痉挛，角弓反张，呼吸困难，最后昏迷死亡。在防治上饮水含盐量不宜多，日粮中含盐量控制在0.5%以内，并与饲料混合均匀给予。初期服用石蜡油5～10毫升进行排泄，已发生胃肠炎时，用鞣蛋白等保护胃肠黏膜的药。同时，在治疗上要注意不能采用硫酸钠（镁）下泻，在急性中毒的开始，要严格控制饮水，防止食盐的吸收和扩散。

（七十四）兔有毒植物中毒

344. 如何防治兔有毒植物中毒？

一般兔子有鉴别有毒植物的能力，但当青草缺乏、饥饿，或有毒植物和普通饲草混在一起时，就易误食发生中毒。常见的有毒植物为车前子、牵牛花、断肠草、马尾莲、灰菜、青芹、野山茄子、山槐子、白头翁、苍耳、回回蒜、半夏、夹竹桃、高粱叶、玉米苗、马铃薯秧和芽、蓖麻叶、烟叶、棉花叶、椿树叶、柳叶、菠菜等。中毒症状表现为呕吐、流涎、腹痛、腹泻、知觉消失或麻痹、呼吸困难等。有毒植物中毒一般无特别解毒方法，关键是平时做好预防工作。一般可采用0.1%高锰酸钾溶液或生理盐水25毫升洗胃，灌服1%～2%硫酸铜溶液10毫升催吐，服用硫酸镁6克，促其下泄排毒。

第八节 家兔外科病防治技术

（七十五）外科常识

345. 什么叫外科感染？

外科感染就是病原微生物通过皮肤或黏膜的伤口等途径侵入组

织内而造成的感染过程，外科感染一般都是化脓性感染。

346. 病原菌感染的途径有哪些？

病原菌感染的途径有：

（1）外源性感染：一般病菌通过皮肤或黏膜面的伤口侵入有机体某部，随循环带至其他组织或器官内的感染过程。

（2）隐性感染：一是侵入有机体内的致病菌当时未被消灭而隐藏存活于某部，如腹膜粘连部位、形成瘢痕的溃疡病灶和脓肿内、组织坏死部位、作结扎和缝合线上、形成包囊的异物等，当有机体全身和局部的防卫能力降低时则发生隐性感染。

347. 外科感染与其他感染的不同点有哪些？

绝大部分的外科感染是由外伤所引起；外科感染一般均有明显的局部症状；常为混合感染；损伤的组织常发生化脓和坏死过程，治疗后局部常形成瘢痕组织。

348. 什么叫损伤？引起损伤的常见因素有哪些？

损伤，是指一些机械的、化学性的、物理性的或生物性的外界因素作用于动物机体而造成的解剖上的破坏或生理上的紊乱，并伴有不同程度的局部或全身反应。

常见的因素有打击、冲撞、切割、刺扎、压挤、强酸强碱、高温烫伤、冻伤和动物咬伤等。

349. 损伤是如何分类的？

（1）按损伤组织和器官的性质分类，分为软组织损伤和硬组织损伤。软组织损伤根据皮肤或黏膜是否出现伤口，又分为开放性损伤和非开放性损伤，出现伤口的叫开放性损伤，否则叫非开放性损伤。

（2）按损伤的病因分类分为机械性损伤、物理性损伤、化学性损伤和生物学的损伤。

（七十六）兔结膜炎

350. 如何防治兔结膜炎？

（1）病因：灰尘、沙尘等异物落入眼内，机械损伤，有害气体的刺激，细菌感染或维生素 A 等缺乏，均可导致眼结膜发炎。

（2）症状：患兔初期眼结膜红肿、流泪，有浆液性分泌物，上、下眼皮粘连，眼半闭或全闭，溃烂化脓，直至失明。

（3）预防：清除饲养环境中的尘土、芒刺等异物，保持空气清洁，特别是仔兔产箱的垫草一定要卫生，野草、树叶及秸秆类饲料，应除掉灰尘、泥土后再喂兔，喂粉料时要拌适量水。

（4）治疗：每日向眼内滴1%盐水两次，清除脓性分泌物，滴1%普鲁卡因青霉素两次，连用5～7日；或每日涂红霉素眼药膏2次，连用5～7日。当上、下眼皮黏合在一起时，应先用温热盐水浸湿后，将其慢慢分离开，再上药。

（七十七）兔中耳炎

351. 如何防治兔中耳炎？

（1）病因：鼓膜穿孔、外耳道发炎、感冒、传染性鼻炎及化脓性结膜炎等，可继发感染中耳炎。此外，阴暗潮湿、通风不良的兔舍易患本病。感染的病菌多为多杀性巴氏杆菌。

（2）症状：耳根内孔充血、发红、化脓，深度感染引起化脓性脑膜炎。患兔耳、头势不正。

（3）预防：彻底消毒，消灭多杀性巴氏杆菌。

（4）治疗：每千克体重肌肉注射青霉素6万单位、链霉素4万单位，同时用青霉素、链霉素滴耳（每1毫升各3万单位），每次一耳滴4～5滴，每日滴2次，连用5～7日；每千克体重肌注或口服速效兔病康0.3毫升，1日2次，连用5日。

（七十八）兔湿性皮炎

352. 什么是兔湿性皮炎？

本病为家兔皮肤的慢性炎症，常发部位为下颌、颈下，所以又称为垂涎病、湿肉垂病等，呈散发性流行。多因下颌、颈下长期受潮湿，继发感染而造成。该部长期受潮湿的原因通常有三种情况：一是牙齿、口腔疾病，牙齿咬合错位，口炎治疗不及时而引起多涎；二是饮水方法不当，用瓦罐、水槽、盘盆等平面大的饮水器具给水；三是饲养管理不善，垫草脏湿，长期不换；长期腹泻时，肛门及后肢可发生湿性皮炎。

353. 怎样诊断兔湿性皮炎?

局部皮肤发炎，部分脱毛、糜烂、溃疡，甚至坏死。可继发各种细菌感染，常为绿脓杆菌感染将毛染为绿色，有人称其为“绿毛病”、“蓝毛病”；其次为坏死杆菌感染。感染可通过淋巴系统和血液向全身扩散。

354. 如何防治兔湿性皮炎?

治疗时，先剪去受害部被毛，用0.1%新洁尔灭液洗净，局部涂搽抗生素软膏，或剪毛后用3%双氧水清洗消毒后，涂搽碘酒。感染严重者，需全身应用抗生素。消除病因，及时治疗口腔及牙齿疾病；改善饲养管理，改用瓶子给水，常更换草垫。

（七十九）兔外伤

355. 兔外伤的病因主要有哪些?

外伤的种类较多，肉兔常见的创伤可分为咬伤，笼舍的铁皮、铁钉等锐利物的刺划伤，剪毛时的误伤等。开放性外伤可见有皮肤裂开，有创口，体腔内的脏器也可能损伤，这样易引起继发性感染，会出现全身反应（体温、呼吸、脉搏的变化）。外伤可分为新鲜创和化脓创。

356. 兔外伤的症状主要有哪些?

新鲜创伤一般具有不同程度的出血、肿胀与疼痛，创口开裂。同时还引起创伤部位相应的机能障碍，如四肢的肌腱或运动神经受伤后，可引起跛行等运动障碍。

化脓创的患部疼痛、肿胀，局部增温，创口流脓或形成脓痂。有时会出现体温升高，精神沉郁，食欲减退。化脓性炎症消退后，创内出现肉芽，变为肉芽创。良好的肉芽为红色、平整，颗粒均匀，较坚实，表面附有少量黏稠的灰白色脓性分泌物。

357. 兔外伤的防治措施主要有哪些?

（1）防止不同舍的肉兔混群时出现外伤。要加强管理，防止殴斗。尤其种公兔外逃互斗，或在追捕时被物体挫伤或刺伤。其创伤如有出血，首先必须止血，可用压迫结扎血管或用止血钳等器械止血。止血后再涂上红药水或紫药水。如系闭性外伤，可直接涂抹5%碘酊或鱼石脂软膏等，外伤应及时处理伤口，将伤口上的污物（被毛、草屑等）及坏死组织清除，再用0.1%高锰酸钾溶液冲洗干净，或用0.05%新洁尔灭溶液等冲洗，再敷上消炎粉或涂布5%磺胺噻唑软膏。如创口过大，需行结节缝合，但必须在伤口下方留一个小孔，以便排液。较深的创伤，必须在冲洗后用纱布条浸泡0.1%雷佛奴尔溶液后，塞进伤口内作引流，直至伤口内无炎性渗出物，肉芽增生良好为止。

（2）伤口小而深或污染严重时，及时注射破伤风抗毒素，应用抗生素。

（3）对化脓创，清洁创围后，用0.1%高锰酸钾、3%双氧水或0.1%新洁尔灭液等冲洗创面，除去深部异物和坏死组织，排除脓汁，创内涂抹魏氏流膏、松碘流膏等。

（4）对肉芽创，清理创围，用生理盐水轻轻清洗创面后，涂抹刺激性小、能促进肉芽及上皮生长的药物，如松碘流膏、大黄软膏、3%龙胆紫等。肉芽赘生时，可切除或用硫酸铜腐蚀。

（5）注意预防为主。消除笼舍内的尖锐物，笼内养兔不能过密，同性别成年兔分开饲养，防止猫、狗等进入兔舍，小心剪毛等。

（八十）兔脓肿

358. 什么是脓肿？其病因主要有哪些？

在任何组织或器官，因化脓性炎症形成局限性脓汁积聚，并被脓包膜包裹称为脓肿。

多数脓疱是经小伤口感染病菌引起，注射时消毒不严也可引起脓肿，也有经血液和淋巴转移而形成脓肿。皮下或肌肉内注射各种强刺激剂时，可发生非生物脓肿。另外，当机体缺乏维生素 B_2 和维生素 B_{12} 时，机体对化脓菌的抵抗力下降，是本病的诱因。

359. 脓肿的诊断要点有哪些？

脓肿有急性脓肿和慢性脓肿、浅在性脓肿和深在性脓肿之分。

（1）急性浅在性脓肿：局部增温、疼痛和肿胀。肿胀中央逐渐软化而有波动感，并有自溃倾向，皮肤变薄，被毛脱落，继之皮肤破溃向外排脓。

（2）急性深在性脓肿：初期炎症表现不明显，注意观察可发现皮肤和皮下组织轻微炎性水肿，触诊疼痛，常有指压痕，有时活动不自如。脓肿成熟后，波动感也不明显，深部穿刺见到脓汁方可确诊。

（3）慢性脓肿：发生发展缓慢，局部炎症反应轻微或无。有的脓肿膜很薄，外表似脓肿，有波动感；有的脓肿壁增生大量的纤维结缔组织，外表似纤维瘤。有的脓汁逐渐浓缩甚至钙化。应与血肿相鉴别，血肿发生较脓肿迅速，穿刺见血。

360. 脓肿有哪些防治措施？

脓肿尚未成熟时，连续应用足量抗生素或磺胺类药物；患部剪毛消毒后涂醋调的复方醋酸铅散、雄黄散等，以促进炎症消散。当局部出现明显的波动感、脓肿已成熟时，应立即进行手术治疗。具体方法是：

（1）脓汁抽出法：局部剪毛消毒后用注射器抽出脓汁，然后用生理盐水反复注入，冲洗脓腔，最后灌注青霉素溶液。本法适用于关节部脓肿膜形成良好的小脓肿。

（2）脓肿切开法：用于较大脓肿。首先局部剃毛，用碘酊消毒，在最软化部位切开，同时应尽量在波动区最下部切开，但不应超过脓肿壁。切开后任脓汁自行流出，不许压挤或擦拭脓肿腔，然后用消毒剂冲洗，除去脓汁及异物等 。必要时引流、扩大切口或做相对口。

（3）预防：本病应消除引起外伤的原因，加强饲养管理，补充富含维生素 A、维生素 B、维生素 C 和蛋白质的饲料。

（八十一）兔烧伤

361. 什么是烧伤？引起烧伤的病因主要有哪些？

烧伤是兔体受到高温或化学物质的作用，所发生的局部组织损伤，前者为温热性烧伤，后者为化学性烧伤。

病因：火焰、热的固体、热的液体、热的气体，以及日光照射等可引起温热性烧伤。具有烧灼作用的化学物质，如强酸、强碱、磷等直接作用于兔体，可造成化学性烧伤。

362. 烧伤的诊断要点有哪些?

根据发病原因和临床表现，不难做出诊断。

温热性烧伤常分为三度：

一度烧伤：只是皮肤表层损伤，局部血管扩张充血，有轻微的热、痛、肿。1周左右可自行治愈。

二度烧伤：损伤达皮肤浅层或真皮深层，但有皮肤残留。血管透性增大，血浆外渗，出现痛性水肿，并向下沉积。

三度烧伤：损伤达皮肤全层，有时可达肌肉或骨。组织蛋白凝固，血管栓塞，形成焦痂。疼痛轻或无，伤面温度下降。烧伤后可发生休克、血尿、中毒、肺水肿等全身症状。

酸性烧伤：蛋白凝固，形成厚痂，呈干性坏死状，伤面干燥，边缘分界清楚，肿胀较轻。

碱性烧伤：对组织的破坏力及渗透力强，可皂化脂肪组织。

磷性烧伤：局部损伤较重，磷经创面吸收后造成严重的肝、肾损害。

363. 烧伤的防治措施主要有哪些?

（1）对于温热性烧伤，伤后保持家兔安静，并注意保温。可应用止痛剂、强心剂等。饮水中加入适量食盐和碳酸氢钠。拒食时可经静脉或腹腔大量补液。处理创面时，剪除被毛，用温水洗去污物，再用生理盐水洗净拭干，最后用75％酒精消毒。眼部用2％～3％硼酸水洗涤。局部可涂3％龙胆紫或5％鞣酸液等。

（2）对于酸性烧伤，伤后立即用大量清水冲洗，然后用5％碳酸氢钠中和。石炭酸烧伤时，可涂蓖麻油，以减慢石炭酸的吸收。对于碱性烧伤，用大量清水冲洗后，可用食醋或10％醋酸中和。苛性钠可用5％氯化铵中和。对于磷性烧伤，应尽快除去伤部沾染的磷，用1％硫酸铜涂于患部，使磷转变成黑色的磷化铜，用镊子除去，以大量水冲洗，再以5%碳酸氢钠液湿敷，以中和磷酸。

（八十二）兔冻伤

364. 兔冻伤的病因有哪些？

外界气候因素影响，如在严寒季节兔舍保温差、湿度大，易造成冻伤。机体内在因素影响，如品种的耐寒能力，以及饥饿、衰竭、活动量不足、仔幼兔适应性差等也是冻伤的发病诱因。常发生于机体末梢、被毛少及皮肤薄嫩处，如耳、足等。

365. 兔冻伤的诊断要点有哪些？

一度冻伤：局部肿胀、发红、疼痛，稍温热。

二度冻伤：局部出现充满透明液体的水疱，疼痛，水疱破溃后形成溃疡，愈后留有瘢痕。

三度冻伤：局部组织坏死、干枯、皱缩，以后分离脱落。也可全身冻伤致死。

366. 兔冻伤的防治措施主要有哪些？

将患兔转移到温暖处，对受冻部位加温，从低温开始。轻者局部涂搽油脂，如猪油，可涂搽1%碘溶液、碘甘油、3%樟脑软膏等，也可用紫外线照射。出现水疱时，要预防或消除感染，改善局部血液循环，促进炎性肿胀消散，提高组织的修复能力。早期应用抗生素，局部涂3%龙胆紫液或水杨酸氧化锌软膏等。三度冻伤时，要防止发生湿性坏疽，切除坏死组织，涂抗生素软膏。

全身可应用抗生素，静脉注射葡萄糖、维生素C和维生素B_1等。

在严寒季节，注意兔笼舍的保温，多加垫草，以及采取其他保暖措施。北方严寒地区，宜选择耐寒品种的肉兔饲养。

（八十三）兔直肠脱及脱肛

367. 什么是兔的直肠脱及脱肛？

直肠后段全层脱出于肛门外称直肠脱；若仅直肠后段黏膜脱出肛门外称脱肛。

病因：直肠壁组织较松弛，当慢性便秘、长期腹泻、直肠有炎症时，腹内压增高和过度努责是本病的主要原因。另外，营养不良、老龄体弱长期患慢性消耗性疾病、某些维生素缺乏等是本病发生的诱因。

368. 兔脱肛的症状主要有哪些?

发病初期仅在排便后见少量直肠黏膜外翻，为粉红色或鲜红色，但仍能恢复。如进一步发展，脱出部分不能自行恢复，引起水肿淤血，呈暗红色或青紫色，易出血。最后黏膜坏死、结痂，并附有兔毛、粪便和草屑。严重者排粪困难，体温、食欲等有明显变化，救治不及时也可引起肉兔死亡。

369. 兔脱肛有哪些防治措施?

轻者，用0.5％的高锰酸钾液、0.1％新洁尔灭液或3％明矾水等清洗消毒后，提起后肢，慢慢复位。重者，脱出时间长，水肿严重，甚至部分黏膜已发生坏死时，用消毒液清洗消毒后，小心剪除坏死组织，轻轻整复，并伸入手指，判定是否有套叠或绞扭。整复困难时，用注射针头刺水肿部，用浸有高渗液的温纱布包裹，并稍用力挤出水肿液，再行整复。整复后，肛门周围作荷包缝合，但要松紧适度，以不影响排便为宜。为防止剧烈努责时复发，可在肛门上方注射1％的盐酸普鲁卡因液3～5毫升。若脱出部坏死糜烂严重，无法整复时，则行截除手术。

加强饲养管理，适当增加光照和运动，保持兔舍清洁干燥，及时治疗消化系统疾病，发现病兔及早治疗，这是预防本病的根本措施。

（八十四）兔骨折

370. 兔骨折的原因主要有哪些?

多因兔笼底板粗糙、不整、有缝隙，肢体陷入后，肉兔惊慌挣扎而发生骨折。幼兔足、肢可陷入笼底孔眼内而扭断。运输中剧烈跌撞也可造成骨折，软骨病时易发生骨折。

371. 兔发生骨折时的症状主要有哪些?

胫腓骨最易发生骨折，患肢拖拽不能负重，骨折部异常活动，被动运动时，有骨摩擦音，疼痛、挣扎、尖叫，数小时后肿胀明显。有的骨折断端可刺破皮肤，变成开放性骨折。

372. 兔骨折的防治措施有哪些?

对非开放性骨折，先复位，用棉花衬垫于骨折部上下关节处，然后放上小木（竹）条，(长度稍超过上下关节)，并用绷带包扎固定，3～4 周后拆除。对开放性骨折，发现后及时彻底清创消毒，除去异物，复位后创部覆盖无菌纱布，再按非开放性骨折固定患肢。然后注射抗生素防治感染。

为防止骨折，应经常检查兔笼，笼底板每片宽度 2.0～2.5 厘米为宜，各片间距空隙在 1.0～1.1 厘米，能漏掉粪粒即可。这是预防肉兔骨折的根本措施。

(八十五) 兔脚垫及脚皮炎

373. 兔脚垫及脚皮炎的病因主要有哪些?

兔脚垫主要发生在后肢。其主要原因是脚部在笼底或粗糙地面上所承受的压力过大，引起脚部皮肤及脚垫的压迫性坏死，故幼兔和体形小的品种很少发生。兔过于神经质，或发情时经常踏脚，易生本病。笼底潮湿，粪尿浸渍，易引起溃疡性脚垫和脚皮炎。

374. 兔脚垫及脚皮炎的临床症状主要有哪些?

患部附有干性痂皮，或有大小不等的溃疡区，有时痂皮下、溃疡上皮及周围发生脓肿。病兔常弓背，使其重心前移，以致前肢继发本病，走动时高抬脚，严重者不吃食，体重下降，甚至引起败血症而死亡。

375. 兔脚垫及脚皮炎的防治措施主要有哪些?

(1) 治疗：局部病变按一般的外科处理，除去干燥的痂皮和坏死的溃疡组织，用 0.1%的高锰酸钾消毒液冲洗，之后涂氧化锌软膏、碘软膏或其他能消炎并能促进上皮生长的膏剂。有脓肿时应切开排脓，也可应用抗生素。

(2) 预防：笼底应尽量平整，用竹板较好。经常更换软垫，保持清洁、干燥，可放一块休息板，以防再度损伤，加速愈合。

（八十六）兔肿瘤

376. 兔肿瘤的病因主要有哪些？

肿瘤是机体某一部分组织细胞在某些内外因素的作用下形成的一种异常的增生肿块。内因主要受免疫状态、神经系统、内分泌系统、遗传因素、胚胎残存组织、品种、年龄、性别以及营养因素等影响。例如，老龄、雌性、免疫缺陷者易发生肿瘤。外部因素主要有物理因素、化学因素和生物因素。例如，机械性的长期刺激，紫外线、电磁辐射，2,3-苯并芘、2-苯蒽、偶氮化合物、亚硝酸胺类化合物等均有致癌作用；病毒、霉菌及其毒素，寄生虫的寄生等均可引起肿瘤发生。

377. 肿瘤是如何分类的？

肿瘤可分为良性肿瘤和恶性肿瘤。

良性肿瘤呈膨胀性缓慢生长，有时可停止生长，形成包膜；肿瘤呈球形、椭圆形、结节或乳头状，表面光滑整齐，界限明显，一般不破溃；无痛，不易出血，质地软硬均匀一致，有弹性和压缩性；不转移，不复发；除局部的压迫作用外，一般无全身反应。

恶性肿瘤呈浸润性迅速生长，很少停止生长，不形成包膜；多种形态，表面不整齐，界限不明显，常形成溃疡；有痛，易出血，质地软硬不均，无弹性和压缩性；易转移复发；常有贫血、消瘦等恶病质。有条件时应做组织学检查。良性肿瘤也可转变为恶性肿瘤。

兔的肿瘤常见于腹腔内部器官，肾脏、子宫多发。肉兔常见的肿瘤有：肾母细胞瘤、子宫腺癌、消化道及生殖道的平滑肌瘤和平滑肌肉瘤、阴道鳞状细胞癌、乳头状瘤病、肝脏肿瘤、乳腺肿瘤和淋巴肉瘤等。

378. 肉兔肿瘤的防治措施有哪些？

对于肿瘤应早发现，早期诊断，早期治疗。早期可采用手术摘除、切除或结扎。手术时，要注意止血，摘除彻底，防治复发和转移。氢化可的松、氟美松、丙酸睾丸酮等药物可抑制肿瘤生长。体外部肿瘤可采用烧烙疗法，或涂中药鸦胆子治疗。方法是：鸦胆子去壳，将实仁挤压取油，用油涂于肿瘤根部，每日2～3次，一般7～9日肿瘤干枯脱落。藤梨根或鲜凤尾草25克，水煎内服，每日1剂，对肿瘤有抑制作用。

第九节　肉兔标准化生产指标

379. 肉兔允许使用的抗菌药、抗寄生虫药及其使用规定有哪些？

肉兔允许使用的抗菌药、抗寄生虫药见表6。

表6　肉兔允许使用的抗菌药、抗寄生虫药及其使用规定

药品名称	作用与用途	用法与用量（用量以有效成分计）	休药期（天）
注射用氨苄西林钠	抗生素类药，用于治疗对青霉素敏感的革兰氏阳性菌和革兰氏阴性菌感染	皮下注射，25毫克/千克体重，2次/日	不少于14
注射用盐酸土霉素	抗生素类药，用于革兰氏阳性、阴性细菌和支原体感染	肌肉注射，15毫克/千克体重，2次/日	不少于14
注射用硫酸链霉素	抗生素类药，用于革兰氏阴性菌和结核杆菌感染	肌肉注射，50毫克/千克体重，1次/日	不少于14
硫酸庆大霉素注射液	抗生素类药，用于革兰氏阳性菌和革兰氏阴性菌感染	肌肉注射，4毫克/千克体重，1次/日	不少于14
硫酸新霉素可溶性粉	抗生素类药，用于革兰氏阴性菌所致的胃肠道感染	饮水，200～800毫克/升	不少于14
注射用硫酸卡那霉素	抗生素类药，用于败血症和泌尿道、呼吸道感染	肌肉注射，一次量，15毫克/千克体重，2次/日	不少于14

（续）

药品名称	作用与用途	用法与用量（用量以有效成分计）	休药期（天）
恩诺沙星注射液	抗菌药，用于防治兔细菌性疾病	肌肉注射，一次量，2.5 毫克/千克体重，1～2次/日，连用 2～3天	不少于 14
替米考星注射液	抗菌药，用于兔呼吸道疾病	皮下注射，一次量，10 毫克/千克体重	不少于 14
黄霉素预混剂	抗生素类药，用于促进兔生长	混饲，2～4 克/吨饲料	0
盐酸氯苯胍片	抗寄生虫药，用于预防兔球虫病	内服，一次量，10～15 毫克/千克体重	7
盐酸氯苯胍预混剂	抗寄生虫药，用于预防兔球虫病	混饲，100～250 克/吨饲料	7
拉沙洛西钠预混剂	抗生素类药，用于预防兔球虫病	混饲，113 克/吨饲料	不少于 14
伊维菌素注射液	抗生素类药，对线虫、昆虫和螨虫均有驱杀作用，用于治疗兔胃肠道各种寄生虫病和兔螨病	皮下注射 200～400 毫克/千克体重	28
地克珠利预混剂	抗寄生虫药用于预防兔球虫病	混饲，2～5 克/吨饲料	不少于 14

380. 肉兔出栏标准是什么？

出栏肉兔分为幼兔和成年兔，经过定期育肥后，兔体内积蓄一定的营养物质，达到特定的体重标准就可以出栏。

（1）幼兔栏标准：仔兔断奶后经过 70～90 天催肥，在保证充足的营养、饮水、饲养密度、光照、湿度（60%～65%）和温度（15～25 ℃）的条件下，大型品种（比利时兔、塞北兔、哈白兔等）体重达到 2.8 千克以上，中型品种（新西兰兔、加利福尼亚兔等）体重达到 2.3 千克以上，即达到出栏标准。其他季节，饲料充足，气温适宜，育肥效益好，可适当增加出栏体重。

（2）成年兔出栏标准：出栏的成年兔主要是配种前淘汰的青年后备母兔和淘汰的种兔，经过 30～40 天的育肥，体重增加 1 千克以上即可出栏。淘汰种兔视膘情决定是否育肥，对膘肥的淘汰种兔，可停止繁殖，饲养一段时间即可直接上市，膘情过差的也不必再育肥，因催肥时间较长，饲料消耗较多，经济效益不高，可直接上市或用作其他饲养动物饲料，膘情适度的快速肥育后再上市。

381. 无公害兔肉有关标准指标有哪些？

无公害兔肉是指在肉兔饲养过程中，严格遵守肉兔饲养兽药使用准则、无公害肉兔饲养兽医防疫准则、无公害食品　肉兔饲养饲料使用准则和无公害食品　肉兔饲养管理准则，屠宰加工后，经兽医卫生检疫检验合格，符合标准各项规定指标要求的兔肉。

（1）感官指标（表 7）：

表 7　无公害兔肉感官指标

项　目	指　标
色　泽	肌肉呈浅粉红色，有光泽，脂肪呈乳白色或淡黄色
组织状态	肌肉致密、有弹性，指压后凹陷立即恢复，表面微干，不黏手
气　味	具有鲜兔肉固有气味，无异味
煮沸后肉汤	澄清透明，脂肪团聚于表面，具有兔肉固有的香味
肉眼可见异物	不应检出

（2）理化指标（表 8）：

表 8　无公害兔肉理化指标

项　目	指　标
挥发性盐基氮（毫克/100 克）	≤15
汞（以 Hg 计，毫克/千克）	≤0.05

（续）

项　目	指　标
铅（以 Pb 计，毫克/千克）	≤0.1
砷（以 As 计，毫克/千克）	≤0.5
镉（以 Cd 计，毫克/千克）	≤0.1
铬（以 Cr 计，毫克/千克）	≤1.0
六六六（毫克/千克）	≤0.2
滴滴涕（毫克/千克）	≤0.2
敌百虫（毫克/千克）	≤0.1
金霉素（毫克/千克）	≤0.1
土霉素（毫克/千克）	≤0.1
四环素（毫克/千克）	≤0.1
氯霉素（毫克/千克）	不应检出
呋喃唑酮（毫克/千克）	不应检出
磺胺类（以磺胺类总量计，毫克/千克）	≤0.1
氯羟吡啶（毫克/千克）	≤0.01

（3）微生物指标（表 9）：

表 9　无公害兔肉微生物指标

项　目		指　标
菌落总数（个/克）		$\leqslant 5\times10^5$
大肠菌落/（个/100 克）		$\leqslant 5\times10^3$
致病菌	沙门氏菌	不应检出
	志贺氏菌	不应检出
	金黄色葡萄球菌	不应检出
	溶血性链球菌	不应检出

兔肉产品应储存在通风良好、清洁卫生的场所，不应与有毒、有害、有异味、易挥发、易腐蚀的物品共同储存，冷却兔肉在－1～4 ℃下储存，冻兔肉在－18 ℃以下储存。运输应使用符合食品卫生要求的专用冷藏车（船），不能与对产品发生不良影响的物品混装。